数字媒体技术应用专业系列教材

U0133864

数字视频编辑
——Adobe Premiere CS5
Shuzi Shipin Bianji
——Adobe Premiere CS5

刘天真　主编

王森　王海花　孙小斐　张弘　副主编

高等教育出版社·北京

HIGHER EDUCATION PRESS　BEIJING

内容提要

　　本书是数字媒体技术应用专业系列教材，是教育部职业教育与成人教育司校企合作项目——"数字媒体技能教学示范项目试点"指定教材。

　　本书针对职业学校学生的特点，从影视制作初学者和实战应用的角度出发，通过一个个具体的案例由浅入深地讲解了 Adobe Premiere CS5 视频编辑的不同功能及制作方法，将影视制作的技术、创意和操作技巧进行有效的结合，使得学习者对影视制作有一个全面的认识。

　　全书分基础篇和综合篇，共 13 章。基础篇对视频编辑的基础知识和 Premiere 的基本操作方法做了介绍，通过一个小的案例让学习者体验视频编辑的操作流程，然后从 DV 视频拍摄、视频采集、素材导入、视频剪辑、运动效果、转场特效、视频特效、字幕设计、音频剪辑、输出与创建视频光盘等方面详细讲解了 Premiere 的实现方法及制作技巧。综合篇分别从风光片、儿童电子相册、婚纱电子相册、多机位视频介绍等几个应用领域将策划方案和实战技术进一步做了详细阐述。

　　本书配套光盘提供书中所用案例的素材和源文件。本书还配套学习卡网络教学资源，使用本书封底所赠的学习卡，登录 http://sve.hep.com.cn，可获得更多资源。

　　本书侧重视频编辑制作技能的学习，突出实战能力的提高。本书适合作为中等职业学校计算机应用、数字媒体技术应用、计算机平面设计、计算机动漫与游戏制作等专业教材，也可作为影视制作爱好者的参考用书。

图书在版编目(CIP)数据

数字视频编辑：Adobe Premiere CS5/刘天真主编. —北京：高等教育出版社，2011.8
ISBN 978-7-04-032638-3

Ⅰ.①数… Ⅱ.①刘… Ⅲ.①图形处理软件，Premiere CS5-中等职业教育-教材 Ⅳ.①TP391.41

中国版本图书馆 CIP 数据核字(2011)第 139561 号

策划编辑	赵美琪	责任编辑	赵美琪	封面设计	张申申	版式设计	范晓红
责任校对	张小镝	责任印制	韩 刚				

出版发行	高等教育出版社	咨询电话	400-810-0598	
社　　址	北京市西城区德外大街 4 号	网　　址	http://www.hep.edu.cn	
邮政编码	100120		http://www.hep.com.cn	
印　　刷	中原出版传媒投资控股集团 北京汇林印务有限公司	网上订购	http://www.landraco.com http://www.landraco.com.cn	
开　　本	787mm×1092mm　1/16			
印　　张	16.75	版　　次	2011 年 8 月第 1 版	
字　　数	380 千字	印　　次	2011 年 8 月第 1 次印刷	
购书热线	010-58581118	定　　价	51.00 元（含光盘）	

本书如有缺页、倒页、脱页等质量问题，请到所购图书销售部门联系调换

版权所有　侵权必究

物料号　32638-00

序

    Adobe 公司的产品因其卓越的性能和友好的操作界面备受网页和图形设计人员、专业出版人员、动画制作人员和设计爱好者等创意人士的喜爱,产品主要包括 Photoshop、Flash、Dreamweaver、Illustrator、InDesign、Premiere Pro、After Effects、Acrobat 等。Adobe 正通过数字体验丰富着人们的工作、学习和生活方式。

    Adobe 公司一直致力于推动中国的教育发展,为中国教育带来了国际先进的技术和领先的教育思路,逐渐形成了包含课程建设、师资培训、教材服务和认证的一整套教育解决方案;十几年来为教育行业和创意产业培养了大批人才,Adobe 品牌深入人心。

    中等职业教育量大面广,服务社会经济发展的能力日益凸显。中等职业学校开设的专业是根据本地区社会实际需要而设立的,目标明确,专业对口,量体裁衣,学以致用,毕业生很受社会欢迎,正逐渐成为本地区经济和文化发展的重要力量。

    社会在变革,社会对中等职业教育的需求也在不断变化。一些传统的工作和工作岗位逐渐消亡,另一些新技术和新工种雨后春笋般地出现,例如多媒体技术、图形设计、网站设计、视频剪辑、游戏动漫、数字出版等。即使是一些传统的工作岗位,也要求工作人员掌握计算机技术和软件技能。数字媒体技术应用专业培养的人才是地方经济建设和发展中的一支生力军,Adobe 的软件作为行业的标准软件之一,是数字媒体技术应用专业学生必须学习的,越来越多的学习者体会到了它的价值。

    Adobe 公司希望通过与中等职业学校的合作,不断地为学校提供更多更好的软件产品和教育服务,在应用 Adobe 软件技术的同时,也推行先进的教育理念,在教育的发展中与大家一路同行。

Adobe 教育行业经理   于秀芹

前　言

随着 IT 技术的进步和视频编辑软件的发展,影视制作已经走进我们的生活,视频制作与传播变得非常火热,将自己制作的视频在视频网站进行展示,与亲戚朋友分享电子相册,外出拍摄风光短片进行编辑制作,在工作中拍摄制作专题片、广告片、宣传片等。视频编辑制作已逐渐成为中职计算机类专业学生一项重要的技能。

Premiere Pro CS5(全书简称 Premiere CS5)是 Adobe 公司推出的一款集视频采集、剪辑、转场、特效、运动效果、字幕设计、音频剪辑、DVD 光盘制作及影视合成制作于一体的专业级非线性编辑软件,被广泛应用于电视台、广告公司、电影剪辑、游戏制作、单位和个人视频制作等领域,是目前非常流行的视频编辑制作平台,也是数字媒体技术应用、计算机动漫与游戏制作等专业的必修软件。

目前,虽然有关视频编辑制作的书籍非常多,但适合中职学生使用的却较少,如何综合利用视频技术编辑制作视频作品、用身边的数码设备合理地进行策划和拍摄、充分运用镜头语言、将时尚元素与影视制作技术相结合以满足客户需求,都是中职学生为今后更好地满足视频编辑类工作岗位要求所迫切需要掌握的。本书从实战的角度出发,每一个案例都不是单纯介绍软件的操作,而是对操作方法的综合运用,大部分案例可以作为一个独立的素材来使用,具有较强的实用价值。

本书编者具有多年相关专业教学经验,具有影视制作的经验,熟知中职学生最渴望了解的影视制作方面的基本方法和技巧,能将复杂的知识点通俗易懂地通过案例介绍出来。

本书特色

1.定位明确,注重操作能力的提高

本书针对中职学生的特点和知识现状,通俗易懂地讲解了数字视频编辑的基本知识,注重案例的趣味性,重点培养学生的技巧运用能力。

2.编写体例上符合认知和教学规律

本书在编写体例上打破了传统教材的编写方式,以操作为主线,每个章节分三部分:学习目标、相关知识和任务实施。在案例的选取上注重知识点的有效性、综合性和技巧性,将制作方法和商业制作技巧有效结合。案例之间形成难度梯度,便于学生有效把握。

3.侧重实用技术讲解,提高综合实战能力

本书在讲解制作技术的同时,侧重画面节奏、音乐节奏的把握。针对不同案例作品,采用的风格、节奏、时尚元素都不同。多机位拍摄侧重于拍摄前的策划和剪辑技巧。

为了能真正提高学生的视频编辑能力,学校在开设本课程时,最好全部进行上机学习。有条件的学校,在安排本课程学习前,最好能够先安排 Photoshop 相关课程的学习,这样学生的实战能力会大大提高。本书的学时安排如下。

建议学时安排

章　节	总　学　时
1 Premiere CS5 入门	4
2 拍摄、采集和导入管理素材	4
3 剪辑技术的应用	8
4 运动效果的应用	4
5 视频转场的应用	4
6 视频特效的应用	8
7 字幕的设计	10
8 音频技术的应用	4
9 输出与创建视频光盘	6
10 制作旅游风光片——《魅力青岛》	2
11 制作儿童电子相册——《MY BABY》	4
12 制作婚纱电子相册——《如果·爱》	10
13 多机位视频介绍——《豆浆机》	4
合计	72

本书由刘天真主编,王森、王海花、孙小斐、张弘副主编,参与写作的人员还有胡丽丽、杨冰。相关行业人员参与整套教材的创意设计及具体内容安排,使教材更符合行业、企业标准。中央广播电视大学史红星副教授审阅了全书并提出宝贵意见,在此表示感谢。

本书配套光盘提供书中所用案例的素材和源文件。本书还配套学习卡网络教学资源,使用本书封底所赠的学习卡,登录 http://sve. hep. com. cn,可获得更多资源,详见书末"郑重声明"页。本书所使用的相关资料只用于教学,不应用于商业用途。

本书是集体智慧的结晶,在编写过程中,我们力求精益求精,但难免存在一些不足之处。读者使用本书时如果遇到问题,可以发 E-mail 到 edu@digitaledu. org 与我们联系。

编　者
2011 年 5 月

目录

基础篇

综 合 篇

 基础篇

Premiere CS5 入门

1.1 数字视频基础知识

1.1.1 学习目标

本节主要讲解了数字影视后期制作中一些基本的技术和概念,便于大家在影视制作学习中更好地理解软件的原理和素材的格式形式。

1.1.2 相关知识

1. 模拟信号和数字信号

视频信号分为模拟信号和数字信号两种。

常见的电视信号和录像机信号就是视频模拟信号,它的存储方式通常采用磁介质,如录像带。模拟信号的处理需使用专门的视频编辑设备,计算机无法处理。要想使用计算机对视频信号进行处理,首先要将视频模拟信号转换成视频数字信号。

视频数字信号也称为数字视频,就是用二进制数 0 和 1 记录图像信息,能用计算机进行处理。它的存储方式一般是磁盘、光盘。与视频模拟信号相比,视频数字信号具有抗干扰能力强、便于编辑和传播等优点。

视频模拟信号和数字信号可以相互转换。视频模拟信号转换为视频数字信号的过程称为"模/数转换",在 Premiere 中称为"采集"。反之称为"数/模转换",如在电视机上观看 DVD。

2. 电视制式

电视制式是指一个国家的电视系统采用的特定制度和技术标准。根据对电视信号采用编码标准的不同,形成了不同的电视制式。目前世界上用于彩色电视广播主要有以下 3 种制式。

(1) NTSC 制式。正交平衡调幅制——National Television System Committee,国家电视系统委员会制式,NTSC 制式的画面尺寸为 720×480 像素,其帧速率为 29.97 帧/秒。这种制式解决了彩色电视和黑白电视兼容的问题,但是也存在着容易失真、彩色不稳定的缺点。采用这种制式的国家主要有美国、日本、加拿大等。

(2) PAL 制式。正交平衡调幅逐行倒相制——Phase Alternating Line,产生于

1962 年。它克服了 NTSC 制式因相位敏感造成的色彩失真的缺点。PAL 制式的画面尺寸为 720×576 像素,帧速率为 25 帧/秒。采用这种制式的国家主要有中国、德国、英国和其他一些西北欧国家。

（3）SECAM 制式。行轮换调频制——Sequential Couleur Avec Memoire,按照顺序传送与存储彩色电视系统,特点是不怕干扰,色彩保真度高。采用这种制式的国家主要有法国、俄罗斯和一些东欧国家。

3. 帧速率和场

帧是构成影片的最小单位,在影片中每一幅静态图像称为一帧。帧速率是指每秒能够播放或录制的帧数,其单位是帧/秒(fps)。帧速率越高,影片效果越好。一般情况下,影片播放画面的帧速率是 24 帧/秒。

电视画面是由电子枪在屏幕上扫描而形成的。电子枪从屏幕最顶部扫描到最底部称为一场扫描。若一帧图像是由电子枪顺序地一行接着一行连续扫描而成,则称为逐行扫描。若一帧图像通过两场扫描完成则是隔行扫描。在两场扫描中,第一场(奇数场)只扫描奇数行,依次扫描 1,3,5,…行,而第二场只扫描偶数行,依次扫描 2,4,6,…行。

在 Premiere 中奇数场和偶数场分别称为上场和下场,每一帧由两场构成的视频在播放时要定义上场和下场的显示顺序,先显示上场,后显示下场,称为上场顺序,反之称为下场顺序。

4. 分辨率和像素宽高比

电影和视频的图像质量不仅取决于帧速率,每帧的信息量也是一个重要因素,即图像的分辨率较高可以获得较好的图像质量。

传统模拟视频的分辨率表现为每幅图像中水平扫描线的数量,即电子束穿越屏幕的次数,称为垂直分辨率。水平分辨率是每行扫描线中所包含的像素数,取决于录像设备、播放设备和显示设备。

帧的宽度与高度的比例称为帧的宽高比,普通电视系统是 4∶3,宽屏电视是16∶9。目前标准清晰度电视采用的宽高比是 4∶3,高清晰度电视采用的宽高比是 16∶9。

像素宽高比是指像素的宽度和高度的比例,如标准的 PAL 制视频,一帧图像由 720×576 像素组成,采用的是矩形像素,像素的宽高比是 1∶1.067。计算机使用方形像素显示画面,其像素宽高比为 1∶1。我们接触的大部分图像素材,采用的是方形像素,如果在方形像素的显示器上显示未经过矫正的矩形像素的图像,会出现变形现象。Premiere 是目前比较专业的视频编辑与制作软件,其像素的宽高比都是可调的。

5. 标清、高清、2K 和 4K

标清(SD)和高清(HD)是两个相对的概念,区别在于尺寸的差别,而不是文件格式上的差别。高清简单理解起来就是分辨率高于标清的一种标准。分辨率最高的标清格式是 PAL 制式,可视垂直分辨率为 576 线,高于这个标准的即为高清,分辨率通常为 1280×720 像素或 1920×1080 像素,帧宽高比为 16∶9。相对于标清,高清的画质有了大幅度提升。在声音方面,由于使用了更为先进的解码和环绕立体声技术,用户可以更为真实地感受现场气氛。

根据尺寸和帧速率的不同,高清分为不同格式,其中分辨率为 1280×720 像素的均为逐行扫描,而分辨率为 1920×1080 像素的在比较高的帧速率时不支持逐行扫描。

2K 和 4K 是标准在高清之上的数字电视格式,分辨率分别为 2048×1365 像素和 4096×2730 像素。目前,RED ONE 等高端数字电影摄像机均支持 2K 和 4K 的标准。

6. 常见视频格式

Premiere 可以针对不同素材来源编辑不同格式的文件。常见的视频格式很多,下面介绍几种 Premiere 经常使用的格式。

(1) AVI 格式。AVI 即音频、视频交错格式,由微软公司开发,支持的播放软件有 Windows Media Player,DivX Player,QuickTime Player,Real Player 等,应用范围较广,可以在多个平台使用。未经过压缩编码的 AVI 文件,数据非常大,大概一个小时视频文件需要占 12.5 GB 左右的磁盘空间。由于未经过压缩,相应的优点是图像质量很好。在使用 Premiere 进行 DV 标清采集时,默认的存储格式就是非压缩的 AVI。现在有经过 DivX 等压缩编码技术完善后的 AVI 格式文件,在图像质量损失不大的情况下,数据体积却大幅下降,这成为它们最大的优点。需要指出的是,由于 AVI 文件没有限定压缩标准,因此播放软件必须使用相应的压缩编码解压缩才能播放。

(2) MPEG 格式。MPEG 即运动图像专家组格式,是应用普遍的一种视频格式,家里常看的 VCD、SDVD、DVD 就是这种格式,绝大多数播放软件可播放该格式文件。MPEG 文件格式是运动图像压缩方法的国际标准,它采用了有损压缩方法从而减少运动图像中的冗余信息。MPEG 格式包括 MPEG 视频、MPEG 音频和 MPEG 系统(视频、音频同步)三个部分,MP3 音频文件就是 MPEG 音频的一个典型应用。视频方面包括 MPEG-1、MPEG-2 和 MPEG-4 三个主要的压缩标准。

MPEG-1 制定于 1992 年,它是针对 1.5 Mbps 以下数据传输速率的数字存储媒体运动图像及其伴音编码而设计的国际标准,也就是我们通常所见到的 VCD 制作格式,这种视频格式的文件扩展名包括 MPG、MLV、MPE、MPEG 和 VCD 光盘中的 DAT 等。

MPEG-2 制定于 1994 年,这种格式主要用于 DVD 和 SDVD 的制作(压缩),同时在一些 HDTV(高清晰电视广播)和一些要求高的视频编辑、处理上也有一些应用。这种视频格式的文件扩展名包括.mpg、.mpe、.mpeg、.m2v 和 DVD 光盘中的.vob 文件等。用 Premiere CS5 进行 HDV 高清采集时,存储的视频文件扩展名就是.mpeg。

MPEG-4 制定于 1998 年,是为了播放流媒体的高质量视频而设计的,它可利用很窄的带宽,通过帧重建技术,压缩和传输数据,以求使用最少的数据获得最佳的图像质量。MPEG-4 最有吸引力的地方在于它能够保存接近于 DVD 画质的小体积视频文件。这种视频格式的文件扩展名包括 ASF、MOV 和 DivX、AVI 等。

(3) DivX 格式。这是由 MPEG-4 衍生出的另一种视频编码(压缩)标准,也就是通常所说的 DVDrip 格式,它在采用 MPEG-4 压缩算法的同时又综合了 MP3 技术,在使用 DivX 压缩技术对 DVD 盘的视频图像进行高质量压缩的同时,用 MP3 或 AC3 对音频进行压缩,然后再将视频和音频合成,并加上相应的外挂字幕文件而形成。在使用时,只需要安装几百 KB 的视频解码程序,就可以观看画质与 DVD 相近,并且体积非常紧凑的视频作品。

(4) MOV 格式。MOV 格式是由美国 Apple 公司开发的,默认的播放器是 Quick-Time Player,具有较高的压缩比和较完美的视频清晰度,其最大的特点是跨平台性,在 Apple 系统和 Windows 系统都可以使用。

（5）WMV 格式。WMV 格式主要应用于微软公司的视频播放软件 Windows Media Player。WMV 的主要优点包括本地和网络回放、可扩充的媒体类型、部件下载、可伸缩的媒体类型、流的优先级化、多语言支持、环境独立性及扩展性等。

（6）RM/RA/RMVB。RM/RA 是 RealNetworks 公司所制定的音频/视频压缩规范 Real Media 中的一种。Real Media 是目前因特网上非常流行的跨平台的多媒体应用标准，采用音频、视频流和同步回放技术实现了网上全宽带的多媒体播放。RMVB 是一种由 RM 视频格式升级延伸出的新视频格式，它的先进之处在于 RMVB 视频格式打破了原先 RM 格式那种平均压缩采样的方式，在保证平均压缩比的基础上合理利用比特率资源，在保证静止画面质量的前提下，大幅地提高了运动画面的质量，从而在画面质量和文件大小之间力求保持平衡。

（7）ASF 格式。ASF（Advanced Streaming Format，高级流格式）是微软公司推出的一种视频格式。用户可以直接使用 Windows 自带的 Windows Media Player 进行播放，其他视频播放器需要安装相应插件才能正常播放。由于它使用了 MPEG-4 的压缩算法，压缩率和图像质量都很不错。ASF 的衍生格式有 ASX、WAX、WM、WMV 等。

（8）FLV 格式。FLV 是 Flash Video 的简称，是一种流行的网络视频格式。随着视频网站的丰富，这个格式已经非常普及。作为网络流媒体格式，FLV 具有众多的优点。FLV 文件可以在体积较小的情况下，仍具有良好的视频质量，是它突出的特点。目前大部分在线视频网站均采用这种格式。使用 Premiere CS5 可以轻松输出 FLV 文件。

7. 常见音频格式

（1）MP3 格式。MP3 格式是目前应用非常广泛的数码播放器标准。它将音乐以 1:10 甚至更高的压缩比进行压缩，节省了大量的存储空间，是一种有损的音频压缩编码技术。它能在减少文件体积的同时较好地保持原来的音质。

（2）WAV 格式。WAV 格式是微软公司开发的一种音频格式，用于保存 Windows 平台的音频信息资源。标准化的 WAV 文件与 CD 格式一样，具有 44.1 kHz 的采样频率、速率为 88 kbps、16 位量化位数，声音质量与 CD 相差无几。

（3）WMA 格式。WMA 格式由微软公司开发。与 MP3 音质和体积对比，WMA 特点是在低比特率（<128 kbps）时，WMA 体积比 MP3 小，音质比 MP3 好。而在高比特率（>128 kbps）时，MP3 的音质比 WMA 好。与以往的编码不同，WMA 支持防复制功能，可以限制播放时间和播放次数甚至播放的机器等。WMA 支持流技术，可一边读一边播放。

（4）MIDI 格式。MIDI（Musical Instrument Digital Interface，乐器数字接口）是数字音乐、电子合成器的国际标准，它定义了计算机音乐程序、数字合成器及其他电子设备交换音乐信号的方式，规定了不同厂家的电子乐器与计算机连接的电缆和硬件及设备间数据传输的协议，可以模拟多种乐器的声音。MIDI 文件中存储的是一些指令，把这些指令发给声卡，由声卡按照指令将声音合成出来。

8. 常见图像格式

（1）BMP 格式。BMP 格式是 Windows 应用程序所支持的，基本上所有的图像处理软件都支持该格式。它可简单地分为黑白、16 色、256 色、真彩色几种格式。在存储时，可以使用无损压缩方式进行数据压缩，既能节省磁盘空间，又不损害图像数据，但文件体积比较庞大。

（2）JPG 格式。JPG 格式是 JPEG 的缩写，它几乎不同于当前使用的任何一种数字压缩方法，无法重建原始图像。但它以存储颜色变化的信息为主，特别是亮度的变化，因为人眼对亮度的变化非常敏感，是一种有损压缩。

（3）GIF 格式。GIF 格式的文件目前多用于网络传输，它形成一种压缩的 8 位图像文件，可以随着它下载的过程，从模糊到清晰逐渐演变显示在屏幕上。它的不足之处是只能处理 256 色，不能用于存储真彩色图像。主要用于动画制作、网页制作及演示文稿制作等方面。

（4）PSD。PSD 格式是 Photoshop 的一种专用格式，它采用了一些专用的压缩方法，在 Photoshop 中应用时，存取速度很快。在制作字幕、静态背景和自定义滤镜时，图像存为 PSD 格式在 Premiere 中可以直接导入使用。

（5）Targa 格式。Targa（TGA）格式是 Truevision 为其视频版而开发的。该格式支持 32 位真彩色，即 24 位彩色和一个 alpha 通道，通常作为真彩色格式。Targa 文件广泛用于渲染静止图像并将静止图像序列渲染到录像机。Targa 文件具有不同的文件扩展名。

1.1.3 数字视频编辑工作流程

数字视频编辑的工作流程，一般可以分为三个步骤：采集、编辑和输出，如图 1-1-1 所示。

采集　　　　　　　　　　编辑　　　　　　　　　输出

图 1-1-1　工作流程

1. 采集

采集，一般是特指将磁带中的内容导入到计算机中的操作。将磁带放入播放设备中进行播放，通过信号传输线将视频信号传输到计算机中的采集卡，从而将信号导入计算机中。由于磁带采集时需要播放磁带，所以采集过程所需要的时间通常是 1：1，也就是说磁带播放多长时间，采集就需要多长时间。

如果将采集的概念扩大，就可以理解为将各种素材导入到计算机中的过程。从而使采集具有多种形式，如图 1-1-2。

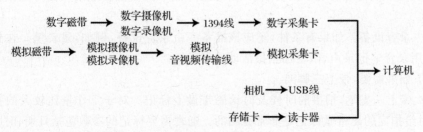

图 1-1-2　采集

2. 编辑

数字视频编辑通常都是在计算机中完成的。一台具有采集卡的计算机,加上一套视频编辑软件,就构成了一个基本的数字视频编辑系统,如图 1-1-3 所示。

图 1-1-3　编辑系统

3. 输出

可以根据不同的用途需要,输出多种形式的媒体文件,如图 1-1-4 所示。通过 Premiere,结合具有回录功能的摄像机,可以将编辑好的视频回录到录像带中。

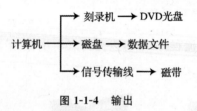

图 1-1-4　输出

1.1.4　外出拍摄前需要注意的事项

(1) 摄像机、相机的准备。做一些简单的拍摄工作,然后再通过回放,检查设备是否正常,是否可以正常记录音频和视频。检查电池是否具有足够的电量,存储卡是否具有足够的空间。对于使用过很多次的摄像机,需要观察磁头是否应该清洗。

(2) 磁带的准备。如果是使用磁带式摄像机,应该根据需要拍摄的时间准备好足够量的磁带,同时应该多准备一个以上的备用磁带,以防拍摄时间的临时延长和磁带故障。如果要用使用过的磁带去拍摄,那么在拍摄之前应该检查磁带是否都已经处在开头位置,这样可以减少更换磁带的时间。

(3) 如果拍摄现场有电源,应该携带摄像机等设备的电源适配器,以保证在电池不能正常使用时不影响拍摄。

(4) 对于特别重要的纪实性拍摄活动,条件许可的情况下,应该使用双机位拍摄。使用双机位不仅可以实现多角度取景,同时也降低了因设备出现故障而导致拍摄失败的风险。

(5) 录音设备。如果有条件,还应该准备一个录音设备,例如,录音笔。在拍摄的同时使用录音笔记录声音,增加拍摄活动的可靠性。

(6) 如果需要,带上三脚架。

(7) 带上一支笔,拍摄的时候及时给磁带做上标记。对于工作量比较大的拍摄活动,及时给拍完的磁带做标记是非常有用的。通常需要标记的参数包括日期、时间和具体的事件名称。

1.2 Premiere CS5 的工作界面

1.2.1 学习目标

本节主要讲解了 Premiere CS5 软件的界面布局和使用功能，便于根据影片制作需要进行相应的操作。

1.2.2 相关知识

1. Premiere CS5 的启动

（1）项目设置。在系统中安装了 Premiere CS5 后，可以通过系统的"开始→程序"菜单打开 Premiere CS5，程序启动后会进入启动界面，如图 1-2-1 所示。通过此对话框可新建项目或打开曾经编辑过的项目。其中 New Project 为新建项目按钮，Open Project 为打开项目按钮，Help 为帮助按钮，Recent Projects 为新近项目，在其下方显示最近编辑或开启过的文件名称。

单击"New Project"（新建项目）按钮创建一个新建项目，系统会弹出一个关于新建项目的对话框，如图 1-2-2 所示。用户需要在其中对项目的各种相关属性进行设置。

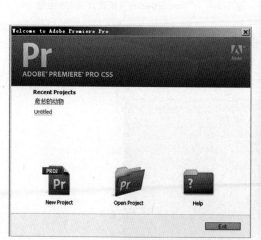

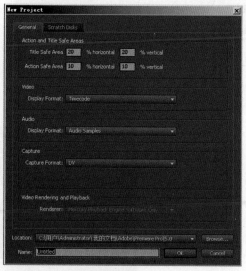

图 1-2-1　Premiere CS5 的启动界面　　　　图 1-2-2　"New Project"（新建项目）对话框

在"General"（常规）标签下，可以设置 Action and Title Safe Areas（动作和字幕安全区）、Display Format（视频和音频的显示格式）和 Capture Format（采集格式），当硬件满足要求时，可以设置 Renderer（渲染器）为 Mercury Playback Engine（水银回放引擎）。在 Location 中指定新建项目要保存的路径，在 Name 中输入新建项目的名称。

在"Scratch Disks"（暂存盘）标签下，可以分别设置 Captured Video（采集视频）、Captured Audio（采集音频）、Video Previews（视频预览）、Audio Previews（音频预览）的暂存盘空间，如图 1-2-3 所示。

（2）创建和设置序列。在创建了新的项目后，紧接着要创建新的序列。在随后弹出的"New Sequence"（新建序列）对话框中设置序列的相关属性。默认状态下，新建序列对话框显示 Sequence Presets（序列预置）标签选项，在其左侧可选择一种合适的预置项目设置，右侧会显示预置项目设置的相关信息。其下方可设置新建序列的名称，如图1-2-4所示。

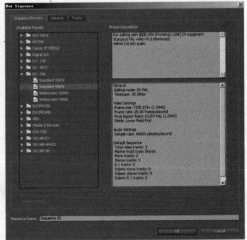

图 1-2-3　"Scratch Disks"（暂存盘）标签　　　　图 1-2-4　"New Sequence"（新建序列）对话框

　　如果对于预置项目设置不满意，可以单击"General"（常规）标签，在其中可分别进行设置，如图 1-2-5 所示。

图 1-2-5　"General"（常规）标签

"General"（常规）标签的设置如下。

· Editing Mode（编辑模式）：主要包含了 Desktop、DV、HDV 等多个选项。

· Timebase（时基）：用来决定多少帧构成 1s，单位为帧。常用的有 24 帧、25 帧及 29.97 帧。24 帧主要用于电影，25 帧主要用于 PAL 制式的影片，29.97 帧主要用于 NTSC 制式的影片。

· Playback Setting（回放设置）：主要用于在对导入的素材进行播放或预演时，连接的外部设备将做何反应进行设置。

· Frame Size（帧画面尺寸）：用于调整帧画面尺寸的大小。

· Pixel Aspect Ratio（像素宽高比）：用于锁定画面宽高比。

某些视频输出使用相同的帧画面尺寸，但却使用不同的像素宽高比。如果在一个显示方形像素的显示器上不做处理地显示矩形像素，则会导致图像的变形。

在 Video（视频）栏中，有如下设置。

· Fields（场）：此选项中有 No Fields（无场）、Lower Field First（下场优先）和 Upper Field First（上场优先）3 个选项。

· Display Format（时间显示格式）：此选项中有 4 个选项（与制式有关），它们决定了项目显示时间的方式。

在 Audio（音频）栏中，有如下设置。

· Sample Rate（音频采样率）：可选择不同的采样频率。

· Display Format（音频显示模式）：有 Audio Samples（音频采样）和 Millseconds（毫秒）两种显示方式。

在 Video Preview（视频预览）中可设置 Preview File Format（预览文件格式）和 Codec（编码）。Maximum Bit Depth 为最大位深度，Maximum Render Quality 为最佳渲染质量。

在项目设置完成后，单击 OK 按钮即可进入 Premiere 的工作界面。

项目和序列创建之后，可以使用菜单命令"Project→Project Settings→General/Scratch Disks"，调出 Project Settings（项目设置）对话框，并可以在相应的部分对项目重新进行设置。

2. Premiere CS5 的工作界面

Premiere CS5 的工作界面，如图 1-2-6 所示。

（1）Project（项目）窗口。Project（项目）窗口位于工作界面的左上角，可大致分为素材预览区、素材列表区、显示方式及创建区。双击项目窗口空白处，可以导入素材，如图 1-2-7 所示。

A：缩略预览窗口，用于显示和预览素材的窗口，预览区域右侧的文字为当前素材的资料信息。

B：标志帧，系统默认将视频素材的第 1 帧画面作为缩略图进行显示。标志帧可以任意设置缩略图，当素材播放到指定位置时，按下该按钮，即可将当前帧作为标志帧。

C：播放按钮，单击该按钮可预览素材，再次单击可停止预览。

D：搜索素材，可以单击 In 下拉菜单选择查找的范围。

E：List View（列表显示），将项目窗口中的素材以列表的形式进行显示。

F：Icon View（缩略图显示），将项目窗口中的素材以缩略图的形式进行显示。

图 1-2-6　Premiere CS5 的工作界面

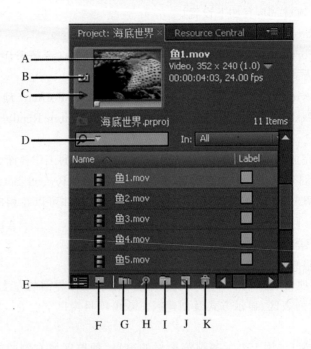

图 1-2-7　Project(项目)窗口

G：Automate to Sequence(加入序列)，将选中的素材自动发送到时间线面板，加入当前序列。

H：Find(查找)，如果素材比较多时，可以单击该按钮，在弹出的对话框中输入素材名称进行查找。

I：Bin(素材夹)，将素材以文件夹形式进行管理，在文件夹内部还可以继续分层管理，与 Windows 文件夹管理形式相同。

J：New Item（新建），单击该按钮，可在下拉菜单中选择要创建的类型。

K：Clear（垃圾桶），用于清除不要的素材。选中素材后，单击该按钮即可进行清除。

（2）Monitor（监视器）窗口。Monitor（监视器）窗口主要用于对素材进行播放预览，如图1-2-8所示。左侧为"源素材窗口"，用于对当前选中的素材进行播放预览。右侧为"节目窗口"，用于对编辑中的文件进行播放预览。

图1-2-8　Monitor（监视器）窗口

如果想在"源素材窗口"中预览素材，在Project（项目）窗口中双击素材即可。如果素材在Timeline（时间线）窗口中被编辑过，如添加各种特效，只能在"节目窗口"中进行预览。预览时拖动时间线滑块即可。

"源素材窗口"的下面部分是播放控制工具，其功能如下。

• 00:00:01:04 ：当前时间码，其显示数值为当前"时间线滑块"所处的时间位置。00:00:01:04表示第0小时0分01秒04帧。

• 00:00:04:03 ：长度时间码，用于显示素材总时间或入、出点之间的时间。

• ：时间线滑块，指示当前时间在时间线上的位置。按住鼠标拖拽时间线滑块左右移动，可以改变当前时间位置。

• Fit ：窗口比例，用于设置窗口内容的显示比例。

• ：设置入点和出点，入点 用来设置素材的起始点，出点 用来设置素材的结束点。入点和出点配合起来用于设置素材的显示范围。

• ：到达入点和出点，用于快速跳跃至素材设置的入点、出点位置处。

• ：设置标记点，可为素材在某时间处添加标记，便于编辑时快速找到该指定位置。

• ：播放入点到出点，播放从入点到出点的素材内容。

• ：上一标记点，快速跳跃至上一个标记位置； 下一标记点，快速跳跃至下一个标记位置。

• ：向前一帧，将时间线滑块向前移动一帧， 为向后一帧按钮。

- ▶：播放，用于播放素材，再单击该按钮则停止播放。

- ■■■■：倒带推子，单击并按住向前或向后拖动，可对素材进行快速预览，和拖动时间线滑块预览效果相似。

- ■■■■■：慢寻，按住鼠标左键进行拖动，可对素材进行细致播放，便于查找时间位置。

- ：循环播放，可将素材进行循环播放。

- ：安全区域，经计算机编辑的视频在电视机上播放时会被裁减掉一部分，通过安全框可确定在电视机上保留的显示范围，以便于控制显示画面。

- ：显示选项，单击该按钮将弹出下拉菜单，可选择演示窗口的显示内容，主要包括显示实际视频还是显示其 Alpha 通道、是否显示辅助面板、画面预演质量选择等几个方面。

- ：插入，可将源素材窗口中的片段直接插入到当前序列时间线指针位置的轨道中。

- ：覆盖，可将源素材窗口中的片段在当前时间线指针位置处，将轨道中原先片段替换掉。

- ：输出静帧，单击该按钮，在弹出的对话框中可设置图片的名称、文件格式和保存路径。

- ：举出，在节目窗口中使用该工具对节目进行删除修改，即删除在目标轨道上设定的入、出点之间的片段，对其前后的片段及其他轨道上片段的位置不产生影响。

- ：挤压，在节目窗口中使用该工具对节目进行删除修改，不仅删除在目标轨道上设定的入、出点之间的片段，还将其后的片段前移，填补空缺。对于其他未锁定轨道上对应范围内的片段也一并删除，后面的片段前移。

（3）Timeline（时间线）窗口。在 Timeline（时间线）窗口中，可以对视频素材和音频素材进行剪辑、编辑等操作。它的编辑方式以轨道的形式进行，如视频 Video、音频 Audio 轨道。一个轨道相当于一个图层，时间线窗口如图 1-2-9 所示，其各项功能如下。

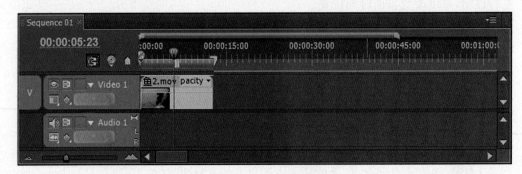

图 1-2-9　Timeline（时间线）窗口

- Sequence 01：序列面板标签，用于显示、调取当前系列面板。序列是编辑的基础窗口，是一个盛放音视频素材的容器，可以在项目窗口中创建多个序列，在每个序列中进行不同的编辑。

- **00:00:05:23**：时间码，用于显示时间线滑块所处的时间位置。

- ：捕捉，在系统默认状态下它呈被选中状态，对素材的移动、衔接等操作具有自动吸附作用。

- ：设置 Encore 章节标记点。

- ：设置标记点，可为素材在某时间处添加标记，以便于编辑时快速找到该指定位置。

- ：视频轨道隐藏/显示，当该图标显示时，表示当前轨道上的素材处于可视状态。再次单击该按钮，图标消失，表示素材处于不可预览状态。

- ：使用同步锁定。当进行插入、波纹删除或波纹编辑操作时，处于同步锁定的轨道将做出同步反应，没开启同步锁定的轨道则没有同步反应。

- ：单击视频、音频轨道名称左侧的方框，则出现该标志，表示当前轨道上的素材被锁住。再次单击该按钮时，该图标消失，解除轨道锁定。

- ：帧画面显示，用于设置素材在轨道中的显示形式，单击该按钮可从下拉菜单中选择显示方式，如图 1-2-10 所示。Show Head and Tail 为显示首帧和尾帧，Show Head Only 只显示首帧画面，Show Frames 为逐帧显示，Show Name Only 为只显示素材名称，不显示画面。

- ：关键帧显示状态，单击该按钮，在弹出的下拉菜单中可选择相关命令设置关键帧的显示状态，如图 1-2-11 所示。

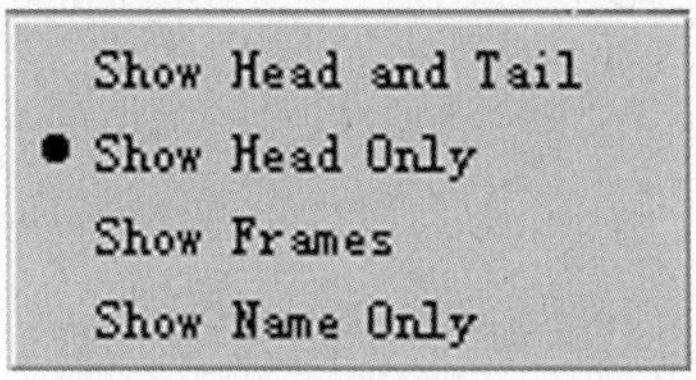

```
  Show Head and Tail
● Show Head Only
  Show Frames
  Show Name Only
```

```
● Show Keyframes
  Show Opacity Handles

  Hide Keyframes
```

图 1-2-10　单击帧画面显示下拉菜单 　　　　图 1-2-11　单击关键帧显示下拉菜单

- ：音频轨道隐藏/显示，系统默认状态下以该图标显示，表示素材呈可预览状态。再次单击该按钮，图标消失，表示素材为不可预览状态。

- ：音频显示状态，用于设置音频素材是以 Show Waveform（显示波形）的形式进行显示，还是以 Show Name Only（仅显示名称）的形式显示。

- ：时间线轨道显示比例，拖动滑块左右移动可改变时间线轨道的显示比例。

- ：工作区域范围，用于显示编辑区域的范围，也是渲染时指定的输出范围，可拖动两端的滑块改变范围大小。

（4）Tool（工具栏）面板。在该面板中列出了编辑过程中所需的使用工具，如图 1-2-12 所示。有关工具的使用，在第 3 章将做详细的介绍。

15

图 1-2-12　Tool(工具栏)面板

(5)"Effect Controls"(效果控制)面板。在该面板中,可对选中的素材的属性及添加的视频特效进行参数设置,如图 1-2-13 所示。在该面板中有素材的两个固定属性Motion(运动)和 Opacity(不透明度)。Motion(运动)中包含 Position(位置)、Scale(比例)、Rotation(旋转)等属性,可为其设置关键帧动画。

(6)"Effects"(效果)面板。该面板主要用于对视频文件和音频文件添加特效效果和转场效果,如图 1-2-14 所示。效果分为 5 大类型,每种类型内部又划分为多种类型效果。

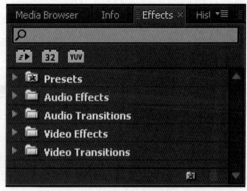

图 1-2-13　"Effect Controls"(效果控制)面板　　图 1-2-14　"Effects"(效果)面板

- Presets:预设。
- Audio Effects:音频特效效果。
- Audio Transitions:音频转场效果。
- Video Effects:视频特效效果。
- Video Transitions:视频转场效果。

(7)"Audio Mixer"(调音台)面板。调音台主要用来处理音频素材。利用调音台可以提高或降低音轨的音量、混合音频轨道、调整各声道的音量平衡等。此外,利用调音台可以进行录音工作,如图 1-2-15 所示。

(8)"Info"(信息)面板。信息面板显示选中素材的基本信息。如果是素材片段,显示其持续时间、入点和出点等信息。信息显示的方式完全取决于媒体类型、当前调板等要素,显示的信息对于编辑工作可起到很大的参考作用,如图 1-2-16 所示。

(9)"History"(历史)面板。历史记录用于记录在编辑过程中的操作,用户的每一步操作都显示在该面板中。可以很方便地返回到之前任一步骤。

图 1-2-15　"Audio Mixer"（调音台）面板

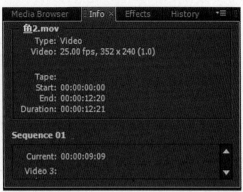

图 1-2-16　"Info"（信息）面板

1.3　Premiere CS5 的影片制作流程

1.3.1　学习目标

本节主要学习影片节目制作的基本流程，便于大家了解在不同的制作阶段所需要学习的相关知识和技能。

1.3.2　相关知识

随着影视产业的发展，影视节目的制作已经形成了一个完整的科学体系，其制作流程大致分为前期准备、拍摄和后期制作 3 个部分。

1. 前期准备

当创意完全确认并进入拍摄阶段时，创意部门会将创意的文案、画面说明及故事板呈递给制作部门，将影片的长度、规格、情节、创意点、气氛和禁忌等做必要的书面说明，以帮助制作部门理解该影片的创意背景、目标对象、创意原点和表现风格等。

制作部门就拍摄脚本、导演阐述、灯光影调、音乐样本、布景方案、演员造型、道具、服装等有关影片拍摄的所有细节部分进行全面的准备。

2. 拍摄

根据制定的拍摄方案，在安排好的时间、地点，由摄制组按照拍摄脚本进行拍摄工作。根据经验和作业习惯，为了提高工作效率，保证表演质量，镜头的拍摄顺序有时并非按照拍摄脚本的镜头顺序进行，而是会将机位、景深相同或相近的镜头一起拍摄。另外拍摄难度较高的镜头通常会最先拍摄，而较易拍摄的镜头通常会安排到后面拍摄。为确保拍摄的镜头足够用于剪辑，每个镜头都会拍摄不止一次。

3. 后期制作

初剪：也称为粗剪。初剪阶段，导演会将拍摄素材按照脚本的顺序拼接起来。剪辑成一个没有视觉特效、旁白和音乐的版本。

A 复制：A 复制就是经过初剪的没有视觉特效、旁白和音乐的版本。

正式剪辑：认可了 A 复制后，就进入了正式剪辑阶段，这一阶段也称为精剪。精剪部分要对 A 复制的一些不足进行修改。

特效合成：根据脚本的需要，将特效部分合成到影片中去。

配音和配乐：录制对白、旁白和音乐，并由音效剪辑师为影片配上音效。

整合输出：最后一道工序就是将制作好的视频、音频元素以精确的位置合成在一起，并输出到电视播出或其他媒体介质。

1.4 剪辑影片——《海底世界》

1.4.1 学习目标

本节主要学习影片剪辑的基本操作流程，体验一下初步剪辑一个影片的操作方法。《海底世界》最终效果如图 1-4-1 所示。

图 1-4-1 《海底世界》最终效果

1.4.2 相关知识

1. 素材的导入

选择菜单命令"File（文件）→Import（导入）"或双击项目窗口空白处，打开 Import（导入）对话框，在对话框中指定文件的路径和格式类型。选择要导入的文件。按住 Ctrl 键可同时选择多个素材。

Premiere CS5 支持导入 Photoshop 文件。导入后的 Photoshop 文件中透明部分将被转化为 Alpha 通道继续保持透明。在导入多层的 Photoshop 文件时，默认的导入方式是 Merge All Layers（合并所有层）。导入有多种形式，详细内容将在第 2 章中学习。

2. Tool 工具栏选择工具 的使用

可对某一素材进行选择、移动，还可以用于改变素材的入点、出点。选择此工具，将鼠标放至时间线素材的首帧或尾帧的位置处，当鼠标变成 或 形状时，按住鼠标左键前后拖动，可改变素材的入点、出点位置。

1.4.3 任务实施

1. 新建项目

将素材文件夹"海底世界"放置到磁盘的相应位置。启动 Premiere CS5，在弹出的 New Project（新建项目）对话框的底部指定项目保存的路径和项目名称，如图 1-4-2 所示。单击 OK 按钮，进入下一步设置。

2. 新建自定义大小序列

在弹出的 New Sequence（新建序列）对话框中，单击顶部的 General（常规）标签。

单击 Editing Mode(编辑模式)右侧的下拉按钮,选择 Desktop。Timebase(时基)处选择 25frames/second(25 帧/秒)。Frame Size(帧画面尺寸)设为 320×240。Pixel Aspect Ratio(像素宽高比)设为 Square Pixels(1.0)(方形像素)。Fields(场)设置为 No Fields。序列名称为"海底世界",如图 1-4-3 所示。单击 OK 按钮进入 Premiere CS5 的工作界面。

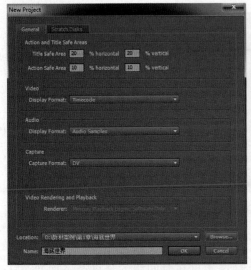

图 1-4-2　新建项目

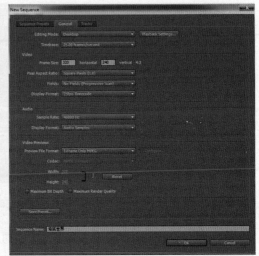

图 1-4-3　新建序列"海底世界"

3. 导入素材

在工作界面的项目窗口中,双击空白处,打开 Import(导入)素材的对话框,指定要导入的素材,将素材导入到项目窗口中,如图 1-4-4 所示。

图 1-4-4　导入素材

4.时间线素材的排列

(1) 在项目窗口中,将导入的视频素材分别拖到时间线的 Video1(视频轨道 1)上,同时将背景音乐拖到 Audio1(音频轨道 1)上,如图 1-4-5 所示。

(2) 将时间线指针拖到开始的地方,在右上部的节目窗口中单击播放按钮▶,进行播放测试。若素材之间留有空隙,可单击窗口上部的工具栏中的选择工具,拖动时间线上素材进行移动。

图 1-4-5　素材在时间线上的排列

(3) 在项目窗口中,将导入的素材"标题.psd"拖到时间线的 Video2(视频轨道 2)上,此时节目窗口和时间线如图 1-4-6 所示。标题素材在时间线的长度与下面轨道 1 上的"海水"素材长度不一样。将鼠标提到标题素材的右端,当鼠标呈现 图标时按下鼠标左键进行拖动,使得标题素材的长度与下面轨道 1 的"海水"素材长度相同,如图 1-4-7所示。

图 1-4-6　素材"标题.psd"的放置效果

图 1-4-7　修改标题素材长度

5.渲染输出

(1) 选择菜单命令"File(文件)→Export(输出)→Media(媒体)",进入 Export Settings(输出设置)对话框,如图 1-4-8 所示。

(2) 在右侧的 Format(格式)的下拉菜单中选择 MPEG2。在 Output Name(输出名称)的右侧单击文件名,指定文件的保存路径,文件名为"海底世界.mpg"。勾选 Export Video(输出视频)和 Export Audio(输出音频),这两个选项默认已勾选。在右侧下方的 Video 标签中的 Basic Video Setting(基本视频设置)中,上下拖动右侧的滑块,设置帧输出尺寸为 320×240,Frame Rate(帧速率)为 25,Field Order(场顺序)为 None，Pixel Aspect Ratio(像素宽高比)为 Square Pixels(方形像素)，如图 1-4-9所示。

图 1-4-8　输出设置对话框

图 1-4-9　输出的视频设置

(3) 在确认设置的参数无误后，单击下方的 Export 进行输出。此时在指定的路径处，会生成视频文件"海底世界.mpg"。可通过视频播放器播放生成的视频文件，视频作品便制作完成了。

本章小结

本章首先介绍了数字视频制作的一些相关技术和概念，然后详细介绍了 Premiere CS5 的工作界面和影片制作的流程，最后引领大家一起制作了一个影视短片来初步熟悉 Premiere 的界面操作，体会影片制作的基本方法。大家会发现该短片在素材处理、画面转换、视频与音频的节奏配合上没有进行处理，这就需要在接下来的章节中学习更为专业的制作方法。

课后练习

1. 熟悉影视制作的基本技术和概念。
2. 熟悉 Premiere CS5 的界面构成及操作方法。

拍摄、采集和导入管理素材

2.1 用 DV 录制视频短片

2.1.1 学习目标

本节主要讲解 DV 录制视频的一些基本知识、拍摄技巧及构图方法，便于大家手持 DV 拍摄出质量较高、赏心悦目的影视素材，最终完成影视作品的制作。

2.1.2 相关知识

1. DV 拍摄前的准备工作

（1）认真阅读 DV 机的使用说明书，能正确地操作使用 DV。

（2）准备好充足的电源、充电器、存储卡或 DV 带。

2. DV 的手持方法和拍摄姿势

手持 DV 的要点是平稳，配合拍摄姿势，尽量使画面不抖动，得到理想的效果。

（1）手持方法。初学者应采取双手把持摄像机的方法，这种方法比较稳定，一般以右手穿过扣带，同时左手托住机器的底部加以固定，双手的手臂与身体构成一个三角形，使得摄像机能在相对平稳的环境中进行拍摄。

（2）站立拍摄。站立是最常用的拍摄姿势，一般在拍摄和自己等高的场景时都用这个姿势。它的优点在于能够随时移动，便于控制。

（3）跪姿拍摄。一些特殊场景不适合采取站立拍摄姿势，那就可以考虑用跪姿拍摄。采用该姿势拍摄时，左膝着地，右肘顶在右腿膝盖部位，左手托住摄像机，这样可以提高稳定性。

在拍摄现场可以就地取材，借助固定物来支撑、稳定身体和摄像机，如石墩、栏杆等。正确的拍摄姿势不但有利于操控机器，也可预防因长时间拍摄导致劳累。

3. DV 拍摄的构图技巧

用 DV 拍摄画面的构图，与数码相机拍照时的构图方法类似，要合理安排所拍摄景物的位置，充分发挥艺术表现手法，达到最佳的画面效果。

（1）构图的基本形式。

· 静态构图：所拍摄物体和摄像机都处于静止状态，而画面基本固定。

· 动态构图：所拍摄物体或摄像机都处于运动状态,画面发生变化。

· 单构图：一个镜头内只表现一种构图组合形式,适合用来表现特定内容。

· 多构图：一个镜头内通过对摄像机的调整及焦点虚实变化等多种手法形成构图形式,集中在一个画面中表现出来。

构图的关键在于"平衡"。在拍摄自然风光时,地平线要尽量避免处在画面的等比线上,因为这样做会把画面均分为两半,给人以呆板的感觉。地平线处在画面下方,会给人以宁静的感觉,而处于上方,给人的感觉则是活泼、有力的。

（2）景别的特点。

· 远景：距离较远的开阔场景、物体基本呈现点状,如图 2-1-1 所示。

· 全景：体现人物、场景的全貌,各物体之间的空间关系一目了然,图 2-1-2 所示。

· 中景：主体物占画面一半,如图 2-1-3 所示。

· 近景：画面中基本只能体现出主物体,如图 2-1-4 所示。

· 特写：刻画主体物精细部分,如图 2-1-5 所示。

图 2-1-1　远景　　　　　　　图 2-1-2　全景

图 2-1-3　中景　　　　图 2-1-4　近景　　　　图 2-1-5　特写

（3）拍摄角度。

· 平视角度：摄像机和拍摄物体在同一水平线上,如图 2-1-6 所示。

· 仰视角度：主体物高于摄像机,这个角度的画面给人雄伟挺拔的感觉,如图 2-1-7 所示。

· 俯视角度：摄像机高于主物体,被拍摄物体显得渺小,如图 2-1-8 所示。

图 2-1-6　平视　　　　图 2-1-7　仰视　　　　图 2-1-8　俯视

4. DV拍摄的镜头模式

· 短镜头：一般只出现几秒，能准确地表达主题。

· 长镜头：用于拍摄连续的画面，可以省去调试机位和改变景别的麻烦。

· 推镜头：主物体由远到近。

· 拉镜头：主物体由近到远。

· 摇镜头：分上下摇和左右摇。上下摇适合拍摄较高的物体或上下运动的物体。左右摇适合拍摄宽广的全景或左右移动的目标物体。

· 跟镜头：摄像机跟随主物体运动，进行跟踪拍摄。

镜头模式还有很多，比如甩镜头、晃镜头、旋转镜头、移动镜头等，要根据实际效果的需求选择最适合的拍摄模式。

5. DV拍摄时间的把握

拍摄的场景，若一个镜头时间太短，则会给后期的观看者造成图像看不明白，看得很累的感觉。反之，若一个镜头的时间太长，则影响观看热情，让人看得很烦。所以每个镜头的时间掌握就需仔细推敲。

在一般的情况下，特写镜头控制在2～3s，中近景3～4s，中景5～6s，全景6～7s，大全景6～11s，而一般镜头拍摄以4～6s为宜。通常按照这样的时间掌握控制拍摄，才能让后期的制作及观看者明白拍摄者的意图，并看清楚拍摄的场景。

DV拍摄要灵活机动，善于变化，既要拍景，又要摄人，由景物的空镜头摇向人物，让人物走入空镜头画面，由人物的欣赏视线或行走方向再摇出景物，或是由全景人物推向景物结束录像，以使人、物有机地融合在一起。这样拍摄出来的录像片比较符合观看习惯。当然，在拍摄过程中，也可以有意识地穿插拍摄一些纯景物的镜头。总之要想DV画面具有吸引力，就必须多动脑筋，多多体验，多多学习，记录属于自己的点滴生活。

2.1.3 任务实施

（1）利用DV拍摄周围的环境。

（2）利用DV拍摄自己生活的居室。

2.2 DV视频素材的采集

2.2.1 学习目标

本节主要讲解如何利用Premiere CS5不同的采集方法将DV带上拍摄的视频转化为计算机上的视频文件，便于大家了解获取视频文件的操作过程。

2.2.2 相关知识

目前新款的DV数码摄像机拍摄视频时，拍摄的视频素材可以直接复制到计算机中进行使用。当我们使用DV带进行拍摄时，就必须通过采集的方式将拍摄的视频转化为计算机可接受的视频文件格式。

1. 采集的准备工作

首先计算机中要内置 IEEE-1394 接口卡,再将数码摄像机的 DV 数据输出口通过 IEEE-1394 数据线与计算机的 IEEE-1394 接口相连。打开摄像机的电源开关,将摄像机设置成播放 VCR 状态。

Premiere CS5 本身并不限制采集文件的大小,但实际上采集片段的长短会受到采集卡、操作系统和硬盘的限制。硬盘的格式可以直接影响采集长度,采用 FAT32 格式的硬盘将文件大小限制在 4 GB 内,相当于大约 18min 的视频素材;而采用 NTFS 格式的硬盘对文件大小基本没有限制。

2. 手动采集的基本方法

手动采集是在任何情况下都可以使用的最简单的方法,其操作步骤如下。

(1) 启动 Premiere CS5,单击"New Project"(新建项目)按钮,选择"DV-PALStandard 48kHz",指定保存项目的路径和项目名;在"New Sequence"(新建序列)对话框中指定序列名称,单击"OK"按钮进入 Premiere CS5 的工作界面。

(2) 单击菜单"File(文件)→Capture(采集)"命令,打开"Capture"(采集)窗口,如图 2-2-1 所示。设备连接好后,"Capture"窗口下方的录放控制按钮处于启用状态。当单击播放按钮 时会出现监视画面。

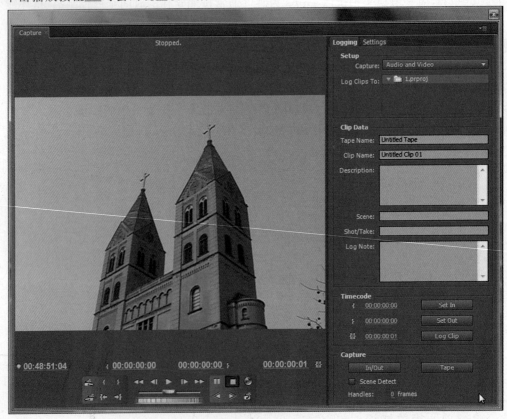

图 2-2-1　打开采集窗口

在窗口右侧有两个标签,在"Logging"(记录)标签下的"Setup"(设置)栏中可以选择采集素材的种类为"Video"(视频)、"Audio"(音频)或"Audio And Video"(音频和视频）；在"Settings"（设置）标签下的"Capture Locations"（采集位置）栏中，可以对采集素材的保存位置进行设置。

提示：如果窗口上方显示"Capture device offline"，则需要重新检查设备是否正确连接。

（3）单击窗口中的播放按钮 ▶，播放并预览录像带。当播到欲采集片段的入点位置之前的几秒时，单击控制面板上的录制按钮 ◉ 开始采集，播放到出点位置后的几秒后，按停止按钮 ◼ 停止采集。

提示：在欲采集片段的前后多采集几秒，以便剪辑或转场。

（4）在弹出的"Save Capture Clip"（保存采集文件）对话框中，为当前采集的素材命名，如图 2-2-2 所示。单击"OK"按钮，素材被采集到硬盘上，并出现在项目窗口中，如图 2-2-3 所示。

图 2-2-2　保存采集文件　　　　图 2-2-3　项目窗口的采集文件

3. 自动采集的基本方法

自动采集可以采集整卷磁带，或对欲采集片段的入点和出点进行精确定位并加以采集。自动采集方式还使得一次性采集大量素材片段的批采集方式得以实现。

（1）重复前面讲述的手动采集方法的第 1、2 步，建立好项目和序列，打开采集窗口。

（2）在右侧"Settings"（设置）标签下的"Device Control"（设备控制）栏中选择设备的种类，如图 2-2-4 所示，并单击"Options"按钮，弹出的"DV/HDV Device Control Settings"对话框，指定摄像机的品牌和具体型号，如图 2-2-5 所示。

提示：如果 Premiere 没有提供摄像机的型号，则可以单击"Go Online for Device Info"按钮，上网查看设备的相应信息。

（3）单击控制区域的播放按钮 ▶，将预览画面移动到欲采集的片段位置，单击"Logging"（记录）标签下"Timecode"（时间编码）栏中"Set In"按钮，将其设置为入点，继续播放移动到欲采集片段的最后一帧，单击"Set Out"按钮，将其设置为出点，完成对欲采集片段的记录。

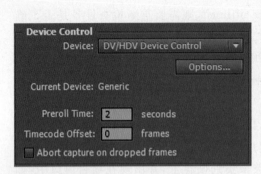

图 2-2-4　设备控制栏　　　　　　　　图 2-2-5　摄像机的型号设置

　　(4) 单击采集"Capture"栏中的"In/Out"按钮,自动对记录的入点和出点之间的素材片段进行采集。如果欲对整卷磁带进行采集,需要先将磁带倒回到开始的位置,然后单击"Capture"栏中的"Type"按钮,则可以对整卷磁带中的素材片段进行采集,如图2-2-6所示。

　　提示:勾选"Capture"栏中的"Scene Detect"复选框,可以在采集时自动根据场景的转换将不同场景的片段采集为独立的文件。如果想在素材片段的入点和出点之外多采集一些额外帧,可以在"Handle"后输入所需的帧数,同时在记录的片段前后多采集相应帧数的额外帧,以便剪辑或转场。

图 2-2-6　采集设置

4. 批量采集

　　当需要对磁带中的多个素材片段分别进行采集时,使用批采集的方式可以大大提高工作效率。批采集是基于自动采集的基础上进行多个素材片段入点、出点的设置后,进行自动采集的一种方式。

　　(1) 重复前面讲述的手动采集方法的第1、2步,建立好项目和序列,打开采集窗口。

　　(2) 预览素材,将要采集素材的起始时间和结束时间用笔记录下来,单击"Logging"(记录)标签下方的"Timecode"(时间编码),在"Set In"对应的时间码中输入要采集的起始时间,在"Set Out"对应的时间码中输入要采集的结束时间,单击"Log Clip"按钮,在弹出的对话框中输入采集素材的文件名称等记录信息,单击"OK"按钮即可。此时在项目窗口中将出现采集素材文件名的离线文件,如图2-2-7所示。

图 2-2-7　项目窗口中的离线文件

（3）重复步骤（2）,可设置多段素材的采集信息。

（4）在项目窗口中选中要采集的素材离线文件,单击菜单"File→Batch Capture"命令,在弹出的对话框中单击"OK"按钮,会出现"Insert Tape"（插入磁带）提示,如图2-2-8所示,单击"OK"按钮开始进行批处理采集。全部采集完成后会出现完成提示,如图2-2-9所示。此时所有的离线文件将变为在线文件。

图 2-2-8　插入磁带提示

图 2-2-9　批处理采集完成提示

2.2.3　任务实施

（1）使用具有视频采集卡的计算机,将数码摄像机的 DV 数据输出口通过 IEEE-1394 数据线与计算机的 IEEE-1394 接口相连。打开摄像机的电源开关,将摄像机设置成播放 VCR 状态。

（2）启动 Premiere CS5,单击"New Project"（新建项目）按钮,选择"DV-PALStandard 48kHz",指定保存项目的路径和项目名称、新建序列的名称后,进入 Premiere CS5 的工作界面。

（3）单击菜单"File（文件）→Capture（采集）"命令,打开"Capture"（采集）窗口。设备连接好后,"Capture"窗口下方的录放控制按钮处于启用状态。当单击播放按钮 ▶ 时会出现监视画面,如图 2-2-10 所示。

图 2-2-10　播放时的监视画面

（4）在右侧单击"Settings"（设置）标签，在"Capture Locations"（采集位置）栏下，单击"Video"（视频）和"Audio"（音频）旁的"Browse"（浏览）按钮，弹出浏览文件夹对话框，指定采集文件的保存位置，如图 2-2-11 所示。

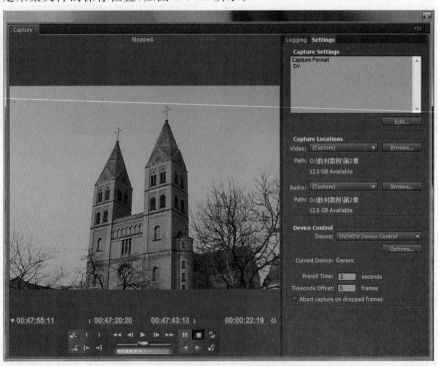

图 2-2-11　制定采集文件的保存位置

（5）整带分场景自动采集。利用播放控制按钮先将磁带倒回到拍摄开始的位置，回到"Logging"（记录）标签下，在"Clip Data"栏下的"Clip Name"中输入采集片段的名称。勾选"Capture"栏中的"Scene Detect"复选框，单击"Capture"栏中的"Type"按钮，则可以自动对整卷磁带中的素材片段按不同场景进行采集，并保存为各自独立的视频文件。

（6）对多个不同的素材片段进行采集。将要采集素材片段的起始时间和结束时间用笔记录下来，单击"Logging"（记录）标签下方的"Timecode"（时间编码），在"Set In"（入点）对应的时间码中输入要采集的起始时间，在"Set Out"（出点）对应的时间码中输入要采集的结束时间，如图2-2-12所示。单击"Log Clip"按钮，在弹出的对话框中输入采集素材的文件名称等记录信息，单击"OK"按钮即可，如图2-2-13所示。此时在项目窗口中将出现采集素材文件名的离线文件。

图 2-2-12 设置素材采集的入点、出点

图 2-2-13 输入采集素材文件名称

（7）再设置其他几个片段的采集信息。

（8）在项目窗口中选中要采集的素材离线文件，单击菜单"File→Batch Capture"命令，在弹出的对话框中单击"OK"按钮，会出现插入磁带（Insert Tape）提示，单击"OK"按钮开始进行批处理采集。全部采集完成后会出现完成提示。

2.3 导入和管理素材

2.3.1 学习目标

本节主要讲解如何将硬盘上的、不是通过录制采集的各种格式的文件导入到 Premiere CS5 中，并且能够自己创建元素、对它们进行管理的方法，便于大家在项目窗口中合理、有效地组织管理素材。

2.3.2 相关知识

Premiere CS5 默认情况下，支持 30 多种不同格式的音频、视频、字幕、图片等。

1. 素材导入的方法

（1）单击菜单"File(文件)→Import(导入)"命令。

（2）双击 Project(项目)窗口的空白处。

（3）右击 Project(项目)窗口的空白处，在弹出菜单中选择 Import(导入)命令。

通过以上方式打开素材"Import"（导入）对话框，指定导入的文件即可，如图 2-3-1 所示。可通过右侧的 All Supported Media ▼ 下拉菜单选择导入的文件格式，默认是所有支持格式。也可以指定某个文件夹，单击 Import Folder 按钮将整个文件夹导入进来。

图 2-3-1　导入素材

2. Premiere CS5 支持导入的文件格式

Premiere CS5 支持导入多种格式的音频、视频和静态的图片文件，也可以导入图片序列，还可以直接导入 DVD 中的素材。

可支持导入的视频格式有 3GP/3G2、AVI、ASF、DLX、DV、FLV/F4V、GIF、MIV、M2T、M2TS、M4V、MOV、MP4、MPEG、MTS、MXF、R3D、SWF、VOB、WMV。

可支持导入的音频格式有 AAC、AC3、AIFF/AIF、ASND、AVI、M4A、MP3、MPEG/MPG、MOV、MXF、WMA、WAV。

可支持导入的静态图片和图片序列的格式有 AI/EPS、BMP/DIB/REL、EPS、GIF、Icon File、JPEG 和 JPEG 序列、PICT 和 PICT 序列、PNG 和 PNG 序列、PSD 和 PSD 序列、PSQ、PTL/PRTL、TGA 和 TGA 序列、ICB/VDA/VST、TIFF 和 TIFF 序列。

3. 导入静态图片

Premiere CS5 可以将小于 4096×4096 像素的静态图片单个或成组地导入。

导入图片的默认持续时间是由软件首选项设置的，可以通过更改首选参数改变图片的持续时间。使用菜单命令"Edit（编辑）→Preference（首选项）→General（常规）"，在调出的"Preference"（首选项）对话框的"General"栏中，可以在"Still Image Default Duration"右边框中设置默认状态下的静态图片的持续帧数，如图 2-3-2 所示。

图 2-3-2　设置静态图像默认持续时间

4. 导入图片序列

双击项目窗口的空白处，在弹出的导入对话框中选择图片序列的第 1 帧图片，勾选对话框下方的"Numbered Stills"复选框，并单击"打开"按钮，便将图片序列作为一个素材文件导入进来，如图 2-3-3 所示。

图 2-3-3　导入图片序列

5. 导入分层的 Photoshop 和 Illustrator 文件

Premiere CS5 支持导入 Photoshop 文件和 Illustrator 文件，导入后的原先文件中的透明部分被转化为 Alpha 通道，继续保持透明。

当导入分层的 Photoshop 文件和 Illustrator 文件时，在导入对话框中选中欲导入的分层文件，单击"打开"按钮后，弹出"Import Layers File"（导入分层文件）对话框，在"Import As"下拉菜单中可以选择 Merge All Layers（合并所有层）、Merged Layers（合并层）、Individual Layers（单独层）或 Sequence（序列）的方式导入。当选择后 3 种方式时，需在下方的层列表中选择欲操作的层，如图 2-3-4 所示。

6. 导入 Alpha 通道文件

导入带有透明信息的 Alpha 通道素材，对于在多个轨道素材叠加制作中是非常重要的。.psd、.tga 格式的文件可以带 Alpha 通道，导入的方法与导入图片相同。

7. 导入项目文件

Premiere CS5 可以导入另一个 Premiere 项目文件，并使用其中的序列和素材。此方法可以合并多个 Premiere 项目文件，减少系统资源的占用。

当导入的文件是项目文件时，会弹出"Import Project"（导入项目）对话框，如图 2-3-5 所示。选择"Import Entire Project"单选项，则导入整个项目。选择"Import Selected Sequence"单选项则会调出"Import Premiere Pro Sequence"（导入序列）对话框，在其中选择欲导入的序列，如图 2-3-6 所示。设置完毕，单击"OK"按钮，则此项目或所选序列作为一个素材箱导入，其中的序列和素材文件全部在此素材箱中，如图 2-3-7 所示。

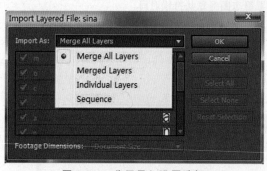

图 2-3-4　分层导入设置选择

图 2-3-5　导入项目

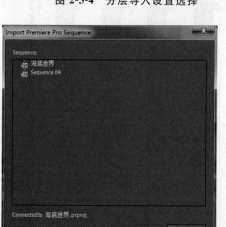

图 2-3-6　导入序列

图 2-3-7　导入素材的项目窗口

8. 新建元素

（1）Bars And Tone（彩条和音调）。在制作节目的过程中，为了校准视频监视器和音频设备，常在节目前加上若干秒的彩条和 1kHz 的测试音，如图 2-3-8 所示。

使用菜单命令"File→New→Bars And Tone"，或单击项目窗口底端的新建按钮🔲，在弹出的菜单中选择"Bars And Tone"选项，设置好基本参数，创建一个带有 1kHz 测试音的彩条文件。

（2）黑场（Black Video）。在节目中，有时需要黑色的背景，可以通过创建黑场生成与项目尺寸相同的黑色静态图片，其持续时间为 5 s。

使用菜单"File→New→ Black Video"，或单击项目窗口底端的新建按钮🔲，在弹出的菜单中选择"Black Video"选项，设置好基本参数，创建一个黑场文件。

（3）色彩蒙版（Color Matte）。色彩蒙版与黑场类似，只不过是黑色以外的其他色彩。

使用菜单"File→New→ Color Matte"，或单击项目窗口底端的新建按钮🔲，在弹出的菜单中选择"Color Matte"选项，设置好基本参数，调出"Color Picker"（拾色器）对话框，如图 2-3-9 所示，在其中设置好色彩后单击"OK"按钮，在弹出的对话框中输入色彩蒙版的名称，如图 2-3-10 所示，单击"OK"按钮便创建一个色彩蒙版文件。

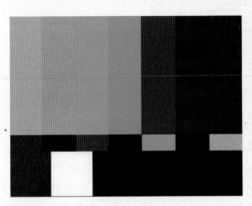

图 2-3-8　彩条和音调

图 2-3-9　拾色器

（4）倒计时（Counting Leader）。在 Premiere CS5 中可以轻松创建并自定义倒计时，倒计时的持续时间为 11 s。

使用菜单"File→New→Universal Counting Leader"，或单击项目窗口底端的新建按钮🔲，在弹出的菜单中选择"Universal Counting Leader"选项，设置好基本参数，调出倒计时设置对话框，如图 2-3-11 所示。在其中对倒计时的各部分色彩等属性进行设置后，单击"OK"按钮，创建一个倒计时文件，如图 2-3-12 所示。

9. 管理素材

在 Premiere CS5 制作影片的过程中，会使用各种各样的素材，有视频、音频、图片等，这很可能造成使用上的混乱，对这些素材进行管理就显得非常重要。

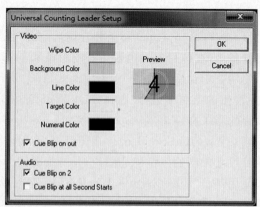

图 2-3-10　输入色彩蒙版名称　　　　　　　图 2-3-11　设置倒计时

图 2-3-12　倒计时效果

（1）Rename（素材重命名）。在项目窗口中选中素材，单击素材名称，再输入新的名称；也可以在选中素材后，单击菜单"Clip→Rename"，可完成相同的操作。

（2）素材的分类。在 Premiere 中可以利用 Bin（容器）即文件夹，对不同种类的素材分门别类地进行管理。单击项目窗口底端的"New Bin"（新建文件夹）按钮▭，在项目窗口中出现新的文件夹，默认情况下文件名是 Bin01、Bin02 等，可以对它重新命名，将素材导入里面，也可以将文件夹周围的素材拖放进去，便于查找。一般按照视频、音频、图片、字幕等几大类文件进行划分。在容器中还可以再建容器。

（3）素材的显示方式。单击项目窗口底部的"Icon View"（缩略图视图）按钮▭，项目窗口中的素材以缩略图的形式显示。单击"List View"（列表视图）按钮▤，则以列表的形式显示。

（4）素材的查找。当导入素材较多时，可利用素材查找功能查找素材。单击项目窗口中的 In: All ▭，在下拉列表中可选择查找的范围。在 🔍▭ 中输入关键词，则会在指定的查找范围内按照关键词进行搜索。单击项目窗口底部的 🔍 按钮，在打开的"Find"（查找）对话框中，可以设置两个搜索条件，并在"Match"（匹配）下拉菜单中选择匹配方式为匹配"All"（所有条件）或匹配"Any"（任意条件）。单击 Find ▭ 按钮进行查找，如图 2-3-13 所示。

图 2-3-13　查找素材

2.3.3　任务实施

启动 Premiere CS5，单击"New Project"按钮新建项目，选择"DV-PALStandard 48kHz"，再新建序列。

1. 导入几种常见的视频格式文件

单击菜单"File→Import"命令或双击项目窗口空白处，打开素材"Import"（导入）窗口，在窗口中选择 .avi、.mov、.mpg、.wmv 格式的文件。按住 Ctrl 键可同时选择多个素材，如图 2-3-14 所示。

图 2-3-14　导入视频文件

2. 导入几种常见的音频格式文件

单击菜单"File→Import"命令或双击项目窗口空白处，在打开的素材"Import"（导入）窗口中选择 .wav、.mp3、.wma 格式的文件，如图 2-3-15 所示。

图 2-3-15　导入音频文件

2　拍摄、采集和导入管理素材

3. 导入几种常见的图片格式文件

（1）导入几张常用的图片文件。单击菜单"File→Import"命令或双击项目窗口空白处，打开素材"Import"（导入）窗口，在窗口中选择 .bmp、.jpg、.tif、.psd 格式的文件，如图 2-3-16 所示。

图 2-3-16　导入图片

在导入素材"画笔画框 00.psd"时，会出现如图 2-3-17 所示的提示，需确定对分层的处理类型，以默认的"Merge All Layers"（合并所有层）的方式导入即可。

在导入素材"CMYK.tif"时，将出现提示错误，如图 2-3-18 所示。因为 Premiere 只能接受 RGB 色彩模式的文件，CMYK 色彩模式的文件将不被接受。

图 2-3-17　导入 PSD 格式文件(1)

图 2-3-18　导入错误提示

（2）双击项目窗口空白处，导入素材"人物.psd"，出现操作提示，将"Import As"设为"Individual Layers"（单独层），如图 2-3-19 所示。素材中的两个层将作为两个独立的素材导入到项目窗口中。

（3）导入 Illustrator 文件。双击项目窗口空白处，导入素材"建筑.ai"。

4. 导入 Premiere 工程文件

双击项目窗口空白处，打开素材"Import"（导入）窗口，在窗口中选择第 1 章"海底世界"文件夹中的"海底世界.prproj"，如图 2-3-20 所示。选第 1 项"Import Entire Project"（导入整个项目），把工程中所有有关的素材导入到一个文件夹中。

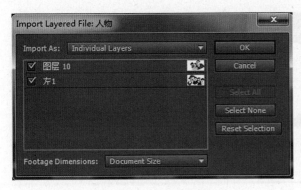

图 2-3-19　导入 PSD 格式的文件(2)　　　　图 2-3-20　导入 Premiere 工程文件

5. 导入序列文件

双击项目窗口空白处,打开素材"Import"(导入)窗口,在窗口中选择要导入的图片序列文件夹"花瓣"第 1 张图片,同时将"Numbered Stills"勾选上,则序列文件被导入,如图 2-3-21 所示。

图 2-3-21　导入序列文件

如果没有选择第 1 张图片,而是中间的某一张图片,同时将"Numbered Stills"勾选上,则从该图片开始到结束的部分将被导入,之前的内容将不被导入。

提示:如果不勾选"Numbered Stills"复选框,Premiere CS5 将只导入当前选择的一个图像,而不是以一个序列的形式进行导入。

6. 导入 Alpha 通道文件

双击项目窗口空白处,打开素材"Import"(导入)窗口,在窗口中选择要导入的图片"石头.tga",由于该图片中带有石头轮廓的 Alpha 通道,因此导入的素材只显示石头,其他的部分将不被显示,如图 2-3-22 所示。

图 2-3-22　导入 Alpha 通道文件

7. 分类管理素材

此时项目窗口中的素材有点乱,需进行分类管理。单击项目窗口中的"Bin"按钮,单击 3 次建立 3 个文件夹,分别单击文件夹,重命名为视频、音频、图片,分别将属于各类的素材拖到相应的文件夹中。单击文件夹便将文件夹展开,显示里面的素材,如图2-3-23所示。

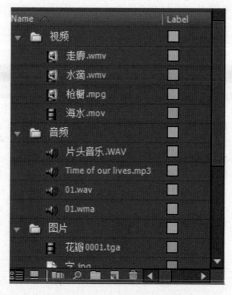

图 2-3-23　项目窗口分类素材

本章小结

本章首先介绍了 DV 录制视频的一些基本知识、拍摄技巧及构图方法,其次讲解了 Premiere 不同的视频采集方法获取素材,接下来讲解了如何将通过其他方式获得的素材导入到 Premiere 的项目窗口中,并对它们进行管理的方法,每节的最后通过一个任务案例将拍摄、采集、导入管理的过程进行了练习,使得大家熟悉了素材的获取方法,为接下来的视频剪辑打下基础。

课后练习

1. 运用一定的拍摄技巧进行 DV 拍摄。
2. 将拍摄的 DV 素材分场景采集到计算机中。
3. 将搜集的素材导入到 Premiere 中,并分类进行管理。

剪辑技术的应用

3.1 素材的基本剪辑——《青岛德式老建筑》

3.1.1 学习目标

本节主要讲解如何将素材插入到时间线上和如何在时间线序列中编辑素材,同时对工具栏中的工具使用做了详细说明,并通过实例讲解不同情况下剪辑素材的方法,为复杂的视频剪辑做了铺垫。《青岛德式老建筑》最终效果如图 3-1-1 所示。

图 3-1-1 《青岛德式老建筑》最终效果

3.1.2 相关知识

1. 设置入点和出点

在项目窗口中双击欲查看的素材,可在源素材窗口中进行预览,如图 3-1-2 所示。拖动时间指针到画面需要开始的地方,单击 ![按钮] 按钮设置入点,然后拖动指针到画面需要结束的地方单击 ![按钮] 按钮设置出点,此时可以看到从入点到出点的部分以浅灰色显示,如图 3-1-3 所示。设置好入点、出点后,可以单击 ![按钮] 按钮对入点、出点的部分进行预览。

图 3-1-2　源素材窗口预览素材　　　　图 3-1-3　源素材窗口设置入点、出点

2. 将素材插入时间线

（1）直接拖拽插入。在项目窗口或源素材窗口中，将素材拖到时间线的相应轨道上，可以放在时间指针所在位置，也可以放在两个素材的连接处。如果放在前后两个素材的连接处，默认情况下，会从连接点开始将后面的素材覆盖。若按住 Ctrl 键进行拖拽，则是以插入的方式插入素材，插入点后面的素材自动在时间线上后移。

在源素材窗口中欲将素材往时间线上拖的时候，若拖动的是窗口画面，则素材的音频和视频都被拖到时间线上，若单击源素材窗口中的 按钮进行拖动，则只将素材的视频拖到时间线上。若单击源素材窗口中的 按钮进行拖动，则只将素材的音频拖到时间线上。

（2）插入编辑和覆盖编辑。在源素材窗口中设置好入点、出点，单击插入按钮 、覆盖按钮 ，将素材添加到时间线指针所在位置。

（3）3 点编辑和 4 点编辑。3 点编辑就是通过设置 2 个入点和 1 个出点或者 1 个入点和 2 个出点对素材在序列中进行定位，第 4 个点会被自动计算出来。一种典型的 3 点编辑方式是设置素材的入点和出点以及素材的入点在序列中的位置（即序列的入点），素材的出点在序列中的位置（即序列的出点）会通过其他 3 个点被自动计算出来。

4 点编辑需要设置素材的入点和出点以及序列的入点和出点，通过匹配对齐将素材添加到序列中，方法与 3 点编辑类似。如果标记的素材与序列的持续时间不相同，在添加素材时会弹出对话框，在其中可以选择改变素材速率以匹配标记的序列。当标记的素材长于序列时，可以选择自动修剪素材的开头和结尾；当标记的素材短于序列的长度时，可以选择忽略序列的入点和出点，相当于 3 点编辑，如图 3-1-4 所示。

3. 替换素材

如果时间线上的某个素材片段不合适，需要替换为其他素材片段时，可以使用素材替换功能从项目窗口中选择新的素材进行替换。使用这种方法可以保持素材片段的各种属性及效果设置。

首先需要在项目窗口中双击用来替换的素材使其在源素材窗口中显示，并为其设置入点和出点，使用如下方法进行素材替换。

按住 Alt 键，从项目窗口或源素材窗口中将欲替换的素材拖到时间线上被替换的

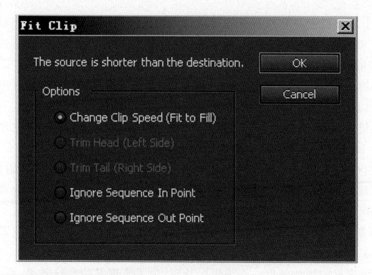

图 3-1-4　素材匹配

素材上,使用新素材的入点,完成替换。

　　按住 Shift＋Alt 键,从项目窗口或源素材窗口中将欲替换的素材拖到时间线上被替换的素材上,使用原素材的入点,完成替换。

　　4. 在序列中编辑素材

　　(1) 选取素材片段。利用选择工具 可以实现素材的选取。选择此工具,单击轨道上的素材,按住鼠标左键可进行上下左右移动。在选择素材时按住 Shift 键,可对多个素材进行连选;在选择素材时按住 Ctrl 键,可对多个素材进行跳选。

　　使用轨道选择工具 单击轨道上某一素材片段,可以选择此素材片段及同一轨道上其后的所有素材片段。

　　(2) 编辑素材片段。使用选择工具 可对某一素材进行选择、移动。如果时间线窗口的自动吸附按钮 处于打开状态,则在移动素材时,会将其与一些特殊点进行自动对齐,显示一条垂直的黑线。

　　使用选择工具还可以改变素材的入点、出点。选择此工具,将鼠标放至时间线素材的首帧或尾帧的位置处,当鼠标变成 或 图标时,按住鼠标左键进行前后拖动,可改变素材的入点、出点位置。

　　(3) 分割素材片段。分割素材片段可以使用剃刀工具 来完成。单击剃刀工具 ,移动鼠标到需要分割的片段上,单击后可在单击处将片段分割开。

　　也可以选择菜单命令“Sequence→Razor at Current Time Indicator”,在时间线指针处,将片段进行分割。

　　(4) 删除素材片段。删除素材片段的方法有两个:

　　①Delete 删除。选中时间线上的片段,按 Delete 键进行删除。这种删除方法会在时间线原片段位置留下空白处,后面的片段不会自动跟进。

　　②Ripple Delete 波动删除。在需要删除的片段上右击,在弹出菜单中选择 Ripple Delete 命令即可删除片段,同时该片段后面的所有片段会自动跟进,不留空白。

（5）拆分和链接素材片段。有些素材包含视频、音频，在添加片段时一般是同时添加。当需要将视频、音频进行分离、删除音频时，可按住 Alt 键的同时单击音频，单独选中音频，按 Delete 键进行删除。

当需要拆分视频、音频时，只要右击片段，在弹出菜单中选择 Unlink（拆分）命令即可。拆分后的视频、音频会变成独立片段，可单独进行编辑。

当需要链接视频、音频时，首先选择需要链接的视频、音频，右击选中片段，在弹出菜单中选择 Link（链接）命令即可。

（6）编组素材片段。当需要对多个素材进行整体编辑，可通过编组的方式进行操作。在时间线窗口先选择一个素材，然后按住 Shift 键选择要编组的其他素材，选择菜单命令"Clip（素材）→Group（组）"，将多个素材变成一个组。

要取消素材的编组，只要选择被编组的素材，选择菜单命令"Clip（素材）→Ungroup（解组）"即可。

（7）调整素材的播放速度。在编辑影片时，为了实现某些特殊效果，需要改变素材的播放速度。方法有以下两种。

①利用菜单命令进行设置。在时间线窗口或源素材窗口中选择要改变速度的素材，选择菜单命令"Clip（素材）→Speed（速度）→Duration（持续时间）"，在弹出的对话框中，可以对"Speed"（速度）进行设置，大于 100％为速度加快，小于 100％为速度放慢。也可以修改"Duration"（持续时间）来改变播放速度。若勾选"Reverse Speed"复选框，则速度反向，素材将进行倒放。若勾选"Maintain Audio Pitch"复选框，则素材变速后，音频的播放能保持原来的音调，如图 3-1-5 所示。

图 3-1-5　调整速度/持续时间

②利用 Rate Stretch Tool（速度拉伸工具） 进行设置。单击工具面板中的 按钮，将鼠标指向要改变速度的素材的出点位置，拖动鼠标可以改变素材的播放速度，而素材的入点、出点不会改变。

5．锁定和隐藏素材

（1）锁定素材。当某个轨道的素材编辑完成后，为防止对该轨道的误操作，可将该轨道进行锁定。锁定后的轨道上的素材将不能被编辑。

要锁定某个轨道，可单击该轨道名称左边的 ▆ 按钮，当该按钮变为 🔒 时，该轨道出现斜线，表示该轨道上的所有素材被锁定，如图 3-1-6 所示。若要解除锁定，再次单击该按钮即可。

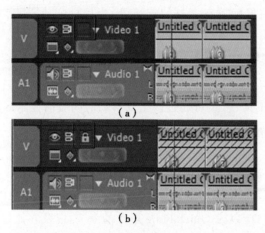

（ a ）

（ b ）

图 3-1-6　锁定素材

（2）隐藏素材。在编辑素材时，若想使某个轨道的素材不显示，可单击该轨道左侧的 👁 按钮，当该按钮变成 ▆ 时，素材将不显示。若要重新显示，再次单击该按钮即可。

6．Tool 工具栏的使用

在 Tool 工具栏中共有选择工具、轨道选择工具、波纹选择工具、滚动编辑工具、速率拉伸工具、剃刀工具、滑动工具、幻灯片工具、钢笔工具、抓取工具和缩放工具 11 个工具，如图 3-1-7 所示。

图 3-1-7　Tool 工具栏

前面已介绍了部分工具的使用，下面对其他工具进行介绍。

（1）Ripple Edit Tool（波纹编辑工具）◆▶◀◆：此工具在两段以上相连的素材上使用。当改变前一个素材片段的出点时，相邻的片段长度不变。随着前素材出点的改变，始终保持着连接状态。

选择此工具后，将鼠标放在素材的连接处时，鼠标会变成 ◆▶ 或 ◀◆ 形状，此时按住鼠标左键进行拖动，可以改变素材的出点位置。

（2）Rolling Edit Tool（滚动编辑工具）：此工具在两段以上相连的素材上使用。可将两个素材相邻位置改变，但素材总长度不变。

选择此工具后，将鼠标放在素材的连接处时，当鼠标变成 形状，按住鼠标左键向左或向右拖动，素材之间始终保持着连接状态。

（3）Slip Tool（滑动编辑工具）◀▶：此工具在两段以上相连的素材上使用，它可在素材总长度时间不变的前提下,同时改变素材片段本身的入点、出点。

选择此工具后,将鼠标放在想要调整的素材上,当鼠标变成 ⬚ 形状时,按住鼠标左键向左或向右拖动,素材本身的入点和出点同时发生变化,但不会对相邻素材的入点、出点或长度发生影响,其本身的长度也不变,故总长度不变。

(4) Solid Tool(幻灯片工具)⬚:此工具在两段以上相连的素材上使用,用于改变素材片段的开始帧和结束帧,而不影响其他的素材。

选择此工具后,将鼠标放在素材的连接处,当鼠标变成 ⬚ 形状时,按住鼠标左键进行左右拖动,当前素材的入点和出点将被改变,而其他素材不受影响。

(5) Pen Tool(钢笔工具)⬚:可对淡化线、关键帧进行移动,还可利用此工具添加关键帧。

(6) Hand(抓手工具)⬚:可通过该工具移动时间线的显示区域。

(7) Zoom Tool(缩放工具)⬚:可对轨道上的素材进行放大或缩小显示。

7. 使用标记

标记可以起到指示重要的时间点并帮助定位素材片段的作用。可以使用标记定义序列中的一个重要的动作或声音。标记仅仅用于参考,并不改变素材片段本身。还可以使用序列标记设置 DVD 或 QuickTime 影片的章节,以及在流媒体影片中插入 URL 链接。Premiere CS5 还提供了 Encore 章节标记,以便在和 Encore 整合时设置场景和菜单结构。

向序列或素材片段添加的标记有无序号标记和序号标记。序号标记最多为 100 个,无序号标记的数量不受限制。在监视器窗口中,标记是以小图标的形式出现在时间标尺上;在时间线中素材标记在素材上显示,而序列标记在序列的时间标尺上显示,如图 3-1-8 所示。

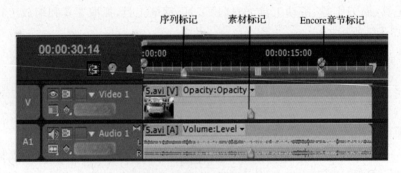

图 3-1-8 时间线上的标记

(1) 设置素材标记。在源素材窗口,将时间指针移到所需画面处,单击标记按钮 ⬚,则在此处添加了一个无序号的素材标记。

(2) 设置序列标记。在时间线窗口,将时间指针移到所需画面处,单击时间线左侧的标记按钮 ⬚,则在此处添加了一个无序号的序列标记。也可以在节目窗口中单击标记按钮 ⬚ 为序列添加无序号标记。

(3) 添加序号标记。如果要想为标记做一个排序,便于以后查找,无论在监视器窗口还是时间线窗口,让时间指针停留在所需画面处,无需单击 ⬚ 按钮,右击时间指针,在弹出的快捷菜单中找到 Other Numbered（其他编号）命令，如图 3-1-9 所示。单击此命令则会弹出 Set Numbered Marker（设置标记号）对话框，如图 3-1-10 所示，此时就可以为所设置的标记添加序号了。

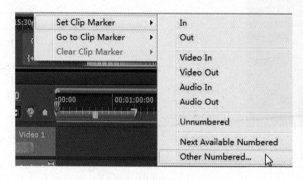

图 3-1-9　其他编号命令

图 3-1-10　设置标记号

（4）清除素材标记。右击时间指针，在弹出的菜单中选择 Clear Clip Marker（清除素材标记）命令，如图 3-1-11 所示，可以选择清除 Current Marker（当前标记）、清除 All Markers（所有标记）、清除 In and Out（入点和出点）、清除 Numbered（带序号的标记）。

当清除带序号标记时，系统会弹出如图 3-1-12 所示的对话框，可以选择要删除的标记序号。

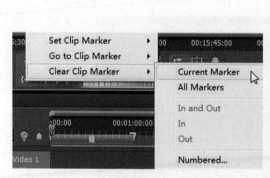

图 3-1-11　清除素材标记命令

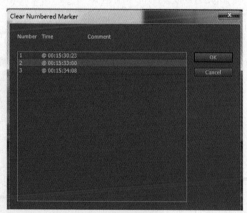

图 3-1-12　清除带序号标记

（5）跳转到素材标记。右击时间指针，在弹出的菜单中选择（Go to Clip Marker 跳转到素材标记）命令，如图 3-1-13 所示，可以选择跳转到下一个（Next）、跳转到前一个（Previous）命令。如果设置了入点和出点，还可以选择跳转到入点（In）、跳转到出点（Out）、跳转到视频入点（Video In）、跳转到视频出点（Video Out）、跳转到音频入点（Audio In）、跳转到音频出点（Audio Out）。当选择了 Numbered 后，可以选择要跳转的标记序号。

图 3-1-13　跳转到素材标记命令

3.1.3　任务实施

1. 新建项目和序列

启动 Premiere CS5，新建项目"青岛德式老建筑"；在新建序列对话框中，单击左侧的 DV-PAL 下的 Standard 48kHz。新建序列命名为"德式建筑"，选择顶部的"General"（常规）标签，单击"Editing Mode"（编辑模式）右侧的下拉菜单按钮，选择"Desktop"。"Timebase"（时基）处选择"25.00 frame/second"（25 帧/秒）。"Frame Size"（帧画面尺寸）设为"720×576"。"Pixel Aspect Ratio"（像素宽高比）设为"Square Pixels（1.0）"（方形像素）。"Fields"（场）设置为"No Fields"（无场）。其他参数如图 3-1-14 所示。单击"OK"按钮进入 Premiere CS5 的工作界面。

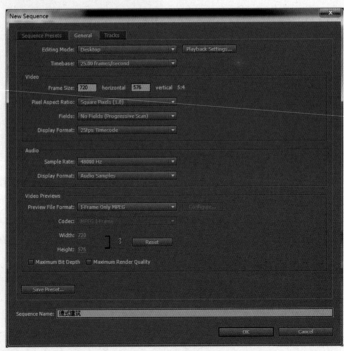

图 3-1-14　新建序列

基础篇

2. 导入素材

双击项目窗口的空白处,弹出"Import"(导入)对话框,将文件夹《青岛德式老建筑》的所有素材全部选中,单击"打开"按钮,将素材导入到项目窗口中。在导入 PSD 格式文件时,选择默认的合并图层方式导入即可。

3. 在时间线上标记素材

(1)在项目窗口中将素材"背景音乐.mp3"拖到时间线音轨 Audio1 上,在节目窗口中单击播放按钮▶,进行音乐试听。在试听的时候,将鼠标放到节目窗口的标记按钮▼上,可随着音乐旋律的起伏,不断单击标记按钮▼,使之成为画面切换的标记点。为方便大家操作,此处对标记点进行精确标记。鼠标单击时间线的时间码,修改时间为 `00:00:06:05`,按回车键,时间指针就跳到第 6 秒 05 帧处,单击节目窗口中(或时间线)的标记按钮▼,此时会在时间线上出现第 1 个无序号的序列标记点。

(2)依据相同的操作,将指针分别移到 `00:00:09:16`、`00:00:13:11`、`00:00:20:22`、`00:00:28:03`、`00:00:35:04`、`00:00:42:16`、`00:00:49:11`、`00:00:57:12`、`00:01:05:05` 处,单击标记按钮▼,这样在时间线上就标记了画面切换的位置,如图 3-1-15 所示。单击音轨左侧的锁定按钮,锁定该音频轨道。

图 3-1-15　在时间线进行标记

在打标记的过程中,可能会在错误的位置打上标记。可以采取先将时间线移到正确的位置,再将错误的标记点拖到时间线处。也可以先打上正确的标记、再删除错误的标记。在正确的位置打完标记后,将时间指针移到要删除的标记点附近,右击时间指针,在弹出的菜单中选择 Go to Sequence Marker(跳转到序列标记)命令,如图 3-1-16所示。

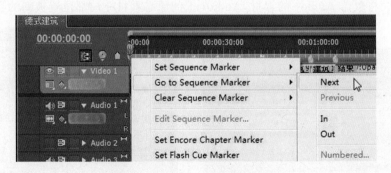

图 3-1-16　跳转到序列标记命令

49

根据要删除的标记点在当前指针的前方或后方的情况,选择跳转到 Next(下一个)、跳转到 Previous(前一个)命令,此时时间指针就移动到要删除的标记点上。

右击时间指针,在弹出的菜单中选择 Clear Sequence Marker(清除序列标记)命令,如图 3-1-17 所示,根据需要选择是清除 Current Marker(当前标记),还是清除 All Marker(全部标记)。

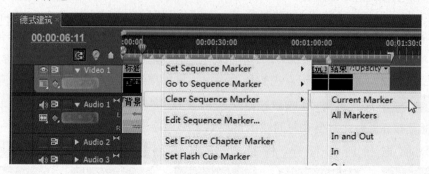

图 3-1-17   清除序列标记命令

4. 在时间线上剪辑素材

为方便大家熟悉剪辑方法,在操作过程中尽量将多种剪辑方法介绍给大家。大家在实际操作时,可以选择其中的一种或几种方法完成剪辑,不必完全拘泥于此处介绍的操作步骤。

(1)在项目窗口中将素材"标题.mpg"拖到时间线上的视频轨道 Video1 的开始处,由于该素材的尾端与第 1 个标记点在时间线上没有对齐,鼠标单击工具栏上的选择工具 ,将鼠标移到素材片段"标题.psd"的尾端,当鼠标变成 时,拖动鼠标到第一个标记点处,这样就将素材片段"标题.psd"的出点移到第一个标记点处,如图 3-1-18 所示。

(2)在项目窗口中将素材"建筑1.wmv"拖到时间线上的视频轨道 Video1 第 1 个素材片段的后面,此时会发现素材的长度比第 1、2 个标记点之间的长度要长,这就需要节选部分画面。拖动时间指针,在节目窗口中预览素材,发现开始的部分比较满意。于是将鼠标移到素材的尾部,当鼠标变成 时,向左拖动鼠标移到第 2 个标记点处,调整第 2 个素材的长度与标记点之间的长度相同,如图 3-1-19 所示。此时会发现素材"建筑1.wmv"自带的音频放在了 Audio2 上。

提示:若 Audio1 不锁定,当直接从项目窗口拖动素材到时间线的 Video1 上,素材自带的音频将覆盖 Audio1 的素材,Audio1 上的原有素材在局部位置被新的音频替换。

图 3-1-18   调整素材出点

图 3-1-19   调整第 2 个素材的入点、出点

（3）在项目窗口中双击素材"建筑2.wmv"，于是在源素材窗口中将显示素材内容。在源素材窗口中拖动指针到 00:00:01:24 处，单击 { 按钮设置素材的入点，拖动指针到 00:00:07:17 处，单击 } 按钮设置素材的出点。鼠标在源素材窗口中拖动画面到时间线第2个素材后面。此时会发现素材的长度比第2、3标记点之间的长度要长，鼠标移到素材"建筑2.wmv"的尾部，调整其出点与第3个标记点对齐，如图3-1-20所示。

图 3-1-20　调整第 3 个素材的入点、出点

若需要在源素材窗口中精确找到某一画面瞬间作为入点或出点，可以先用鼠标拖动指针到需要画面的附近，再左右拖动慢寻按钮　　　，精确地找寻到需要的画面，再单击 { 或 } 按钮设置入点或出点。

（4）此处采用3点编辑的方式完成素材"建筑3.wmv"的剪辑。将时间线的指针移到第3个标记点上，在节目窗口中单击 { 按钮给时间线打上入点。将时间线的指针移到第4个标记点上，在节目窗口中单击 } 按钮设置时间线的出点，此时时间线的入点、出点之间显示浅蓝色，如图3-1-21所示。

在项目窗口中双击素材"建筑3.wmv"，在源素材窗口中拖动指针到 00:00:03:14 处，单击 { 按钮设置素材的入点，如图3-1-22所示。单击插入 按钮或覆盖按钮 ，将素材添加到时间线上。

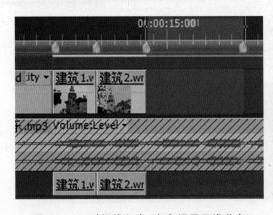

图 3-1-21　时间线入点、出点间显示浅蓝色

图 3-1-22　源素材窗口设置入点

（5）在项目窗口中将素材"建筑 4. wmv"拖到时间线上的视频轨道 Video1 上第 3
个素材片段的后面，此时素材长度较长，在时间线上拖动指针，在节目窗口浏览素材，当
指针移到满意的画面时，将鼠标移到该素材的开头，当鼠标变成 时拖动鼠标到指针
处，改变素材的入点，此时素材的开始部分与前一个素材之间留出了空隙，如图 3-1-23
所示。可以用鼠标拖动素材到前一个素材的尾部，也可以右击空白处，选择弹出的菜单
Ripple Delete（波纹删除）命令，如图 3-1-24 所示，于是空隙被删除，后面的素材与前面
的素材相连接。

图 3-1-23　调整素材入点　　　　　　　　　　　图 3-1-24　波纹删除命令

此时素材的长度与标记点的长度相比，可能长了，也可能短了。若长了，用鼠标拖
动素材的尾部到标记点处。若短了，可用工具栏中的 Ripple Edit Tool（波纹编辑工具）
拖动素材的开头向左移动，松开鼠标后，会发现素材的长度变长了，但前面的素材
没发生变化。这是因为它改变了素材本身的入点，使素材自身发生了变化，但并不影响
周围的素材。若该素材后面有其他素材的话，会随着该素材的长度改变跟着前移或后
移，尾部保持着连接状态。

当然，大家也可以不采用 Ripple Edit Tool（波纹编辑工具） ，而是采取一些其他
的方法同样能实现素材的剪辑效果。此处只是介绍一下该工具的功能，有时在前后都
有素材，需要对一个素材进行微调而不要改变其他素材的情况下，该工具的使用就显得
非常重要和方便了。

（6）采用前面介绍的任何一种方法，将素材"建筑 5. wmv"、"建筑 6. wmv"、"建筑
7. wmv"、"建筑 8. wmv"、"建筑 9. wmv"、"结束. prtl"拖到时间线上，调整好入点、出
点，使其与标记点的长度保持一致，如图 3-1-25 所示。

提示："结束. prtl"为滚动字幕素材，Premiere 允许输出自己制作的字幕，便于其他
项目使用。

图 3-1-25　时间线排列素材

（7）精确微调时间线素材。单击节目窗口中的播放按钮▶进行测试，若没有问题，则可忽略本操作步骤。

若发现某两个画面之间的切换与音乐的节奏变换略微有点不同步，可单击工具栏中的 Rolling Edit Tool（滚动编辑工具）⬌，在两个素材相交处向左或向右进行小幅度拖动，使得相交处位置移到与音乐节奏变换相符合的位置，而素材另外的端点保持不动，两个素材的总长度保持不变。

若发现个别素材截取的画面部分不是很合适，对比原始素材，可能应该截取原始素材的前半部分，而不是已截取的后半部分。可以单击工具栏中 Slip Tool（滑动编辑工具）↔，拖动需要调整的素材向左或向右。此时素材在时间线上的位置、长度都没有发生变化，但画面的内容却发生了改变，相当于在原始素材的不同部位截取了固定长度的画面。

5. 视频、音频分离

由于素材自身带着音频，需要进行删除。按住 Alt 键单击素材的音频，则只选中了素材的音频，按 Delete 键即可删除音频。也可以右击素材，在弹出的菜单中选择 Unlink（拆分）命令，断开视频和音频的链接关系，单击空白处取消素材的选择，再单击该素材的音频，按 Delete 键即可删除音频。

采用以上方法之一，将素材自带的音频全部进行删除。

6. 渲染输出

选择菜单命令"File（文件）→Export（输出）→Media（媒体）"，进入"Export Setting"（输出设置）对话框，在右侧的"Format"（格式）的下拉菜单中选择"MPEG2"。在"Output Name"（输出名称）的右侧单击文件名，指定文件的保存路径，文件名为"德式建筑.mpg"。勾选"Export Video"（输出视频）和"Export Audio"（输出音频），该两个选项默认已勾选。在右侧下方的"Video"标签中的"Basic Video Setting"（基本视频设置）中，选择"PAL"制，上下拖动右侧的滑块，设置帧输出尺寸为"720×576"，"Frame Rate"（帧速率）为"25"，"Field Order"（场顺序）为"None"，"Pixel Aspect Ratio"（像素宽高比）为"Square Pixel"（方形像素），如图 3-1-26 所示。单击"Export"（输出）按钮进行渲染输出。

图 3-1-26　渲染输出设置

3.2 序列的嵌套技术——《设计的艺术》

3.2.1 学习目标

本节主要讲解如何利用序列嵌套技术进行复杂的视频剪辑,同时讲解了添加轨道、复制素材属性、调整图像大小及设置默认的静态图片持续时间的方法,丰富了视频剪辑的制作手段。还讲解了整体移动项目采用的打包技术手段。《设计的艺术》最终效果如图 3-2-1 所示。

图 3-2-1　《设计的艺术》最终效果

3.2.2 相关知识

1. 序列嵌套

一个项目可以包含多个序列,所有的序列共享相同的时基。可以将一个序列作为素材片段插入到其他的序列中,这种方式称为嵌套。无论被嵌套的子序列中含有多少视频和音频轨道,嵌套子系列在其母序列中都会以一个独立的素材片段的形式出现。

在序列嵌套时,被嵌套的子序列和母序列一般拥有一致的制式和规格。

可以像操作其他素材一样,对嵌套序列素材片段进行选择、移动、剪辑并施加效果。对于源序列做出的任何修改,都会实时地反映到其嵌套素材片段上。而且可以进行多级嵌套,以创建更为复杂的序列结构。

2. 复制和移动素材

在 Premiere 中可以利用剪贴板对素材进行移动和复制,也可以复制素材的属性。

(1) 复制素材。在时间线上选择要复制的素材,按 Ctrl＋C 进行复制,再单击要复制到的轨道,将时间线指针拖到要复制的位置,按 Ctrl＋V 进行粘贴即可。

(2) 复制素材属性。利用剪贴板还可以将一个素材的所有属性复制到另一个素材上。首先在时间线上选择要复制的素材,按 Ctrl＋C 进行复制,然后选择要粘贴属性的素材,单击菜单命令"Edit(编辑)→ Paste Attributes(粘贴属性)"即可。

(3) 移动素材。选中要移动的素材,按 Ctrl＋X 进行剪切,再单击要复制到的轨道,将时间线指针拖到要复制的位置,按 Ctrl＋V 进行粘贴即可。

3. 设置导入图片的持续时间

导入图片的默认持续时间是由软件首选项设置的。选择菜单命令"Edit(编辑)→ Preference(首选项)→General(常规)",弹出 Preference(首选项)对话框,在 General 选项下,Still Image Default Duration(静态图像默认持续时间)可设置默认状态下的静止图片的持续帧数,如图 3-2-2 所示。

图 3-2-2　设置静态图像默认持续时间

4. 轨道的添加和删除

(1) 轨道的种类。Premiere CS5 是以轨道叠加的方式进行编辑合成的。在时间线面板中,轨道有两种类型,即 Video(视频轨道)和 Audio(音频轨道)。轨道的数目可以增加或减少。Premiere 最多可容纳 99 个轨道。

(2) 添加轨道。当需要添加新的轨道时,可右击轨道名称,在弹出的菜单中选择 "Add Tracks"(添加轨道)命令,出现"Add Tracks"(添加轨道)对话框,如图 3-2-3 所示。

- Video Tracks 为视频轨道创建区。
- Audio Tracks 为音频轨道创建区。
- Audio Submix Tracks 为子混音轨道创建区。
- Add(添加):在右侧文本框中可输入创建轨道的数目。
- Placement(创建顺序):为创建的轨道指定位置和顺序。可选择在第一轨道之前、目标轨道之后、最末轨道之后创建轨道。
- Track Type(轨道类型):为音频轨道创建类型。可设 Mono(单声道)、Stereo(立体声)、5.1(5.1 环绕立体声道)三种类型。

也可以将视频素材拖拽至轨道以外的地方松开,Premiere 会自动创建一个新轨道,并将当前素材存放于新轨道之中。

(3) 删除轨道。右击轨道名称,在弹出的快捷菜单中选择 Delete Tracks(删除轨道)命令,弹出删除轨道对话框,如图 3-2-4 所示。只要勾选要删除的轨道类型,单击 "OK"按钮即可。

图 3-2-3　添加轨道　　　　　　　　图 3-2-4　删除轨道

5. 改变图像大小

将素材拖到时间线上,在节目窗口中单击看到的素材,会发现素材周围出现 8 个点的控制边框,拖动鼠标可以移动画面的位置,拉动图像边框的 8 个点可以控制图像的大小。详细介绍请参阅 4.1.2 节。

6. 使用项目管理器打包项目

Premiere CS5 中的 Project Mananga(项目管理器)可以对项目文件进行打包,从而减少项目所占用的存储空间,并将项目中涉及的素材文件和项目文件整合在一起生成一个文件夹。这样可以有效地避免素材丢失的情况。在转移复制项目时更加安全和高效。选择菜单命令"Project→Project Manage",调出项目管理器对话框,如图 3-2-5 所示。

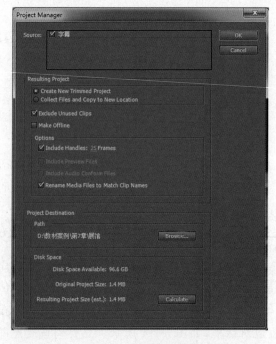

图 3-2-5　项目管理器

首先,在 Source 中选择源序列,并选择如下任意一种打包的方式。

Creat New Trimmed Project:为当前项目创建新版本,并对原有素材进行剪辑,使其仅包含序列中使用的素材部分。

Collect Files and Copy to New Location:将项目中所有的素材进行复制并整合到一起,然后为不同的打包方式设置其所支持的选项。

Exclude Unused Clips:设置项目管理器,使其不包含或复制原项目中未使用的素材。

Make Offline:设置项目管理器,使其将所有素材显示为离线文件,以便之后重新采集。

Include Handles:设置剪辑后的素材入点之前和出点之后保留的额外帧的数目。

Include Preview Files:设置包含原项目生成的预览文件,使得在原项目中渲染过的部分在新项目中依然处于被渲染过的状态。

Include Audio Conform Files:设置包含原项目生成的音频标准化文件,确保在原项目中进行过标准化的音频在新项目中保持标准化。

Rename Media Files to Match Clip Names:将复制的素材文件重命名为像素采集素材片段那样规律的名称。设置完选项,在 Path(路径)栏中设置打包的路径。在 Disk Space(磁盘空间)栏中会对比显示磁盘剩余空间、原项目尺寸和打包后的项目尺寸。单击"Calculate"按钮。可以更新数据。最后单击"OK"按钮开始打包。

3.2.3 任务实施

1. 新建项目和序列

启动 Premiere CS5,新建项目"设计的艺术";在"New Sequence"(新建序列)对话框中,单击左侧的 DV-PAL 下的 Standard 48kHz。新建序列命名为"工艺品",如图 3-2-6所示。单击"OK"按钮进入 Premiere CS5 的工作界面。

图 3-2-6　新建序列"工艺品"

3　剪辑技术的应用

2. 导入图片

（1）首先设置导入图片的默认持续时间。选择菜单命令"Edit（编辑）→Preference（首选项）→General（常规）"，在弹出的"Preferences"（首选项）对话框的 General（常规）栏中，设置 Still Image Default Duration 的数值为 25，如图 3-2-7 所示。这样导入图片的默认持续时间为 1s。

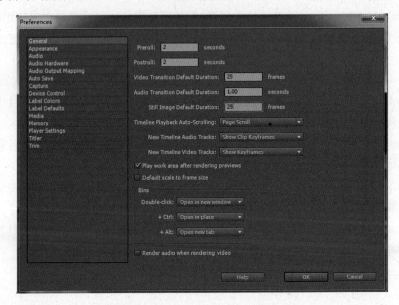

图 3-2-7　设置静态图像持续时间

双击项目窗口的空白处，在"Import"（导入）对话框中选中素材文件夹"设计的艺术"中的文件夹"1"，单击导入文件夹按钮 Import Folder，则文件夹"1"中的素材将以文件夹的形式导入到项目窗口中，如图 3-2-8 所示。

使用相同的方法，将文件夹"2"、"3"导入到项目窗口。

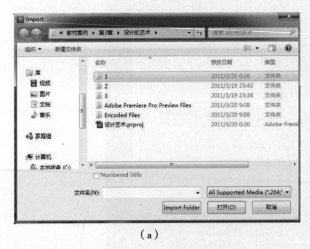

（a）　　　　　　　　　　　　（b）

图 3-2-8　导入文件夹

（2）使用菜单命令"Edit（编辑）→Preference（首选项）→General（常规）"，在调出的

"Preferences"(首选项)对话框的 General(常规)栏中,设置 Still Image Default Duration 的数值为 40,将导入图片的默认持续时间设为 40 帧。将素材文件夹"4"导入进来。

3. 在时间线上编辑素材

(1) 在项目窗口中展开素材文件夹"1",选中该文件夹中的所有图片,拖到时间线上,它们将以默认的时间长度 1s 依次排列在时间线上,如图 3-2-9 所示。若时间线上图片显示较短,可以单击时间线下端的  按钮放大时间线,还可以拖动时间线下端的滑块按钮 ,改变时间线显示的前后位置。

图 3-2-9 序列"工艺品"

(2) 选择菜单命令"File(文件)→ New(新建)→ Sequence(序列)",在弹出的"New Sequence"(新建序列)对话框中输入"服装",如图 3-2-10 所示。于是在时间线上建立了第 2 个序列。

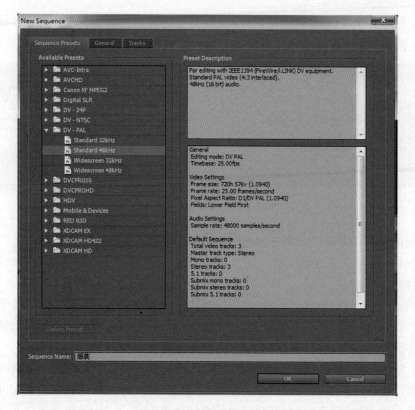

图 3-2-10 新建序列"服装"

在项目窗口中展开素材文件夹"2"，选中该文件夹中的所有图片，拖到时间线上，它们以默认的时间长度 1s 依次排列在时间线上，如图 3-2-11 所示。

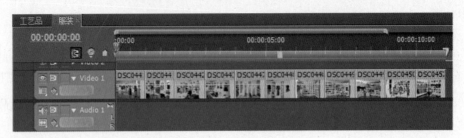

图 3-2-11　序列"服装"

（3）同操作步骤（2），新建序列"面料"，将项目窗口中文件夹"3"中的素材拖到时间线上，如图 3-2-12 所示。

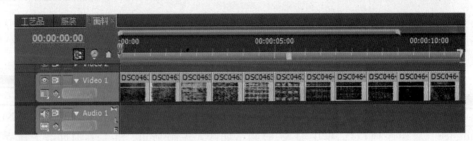

图 3-2-12　新建序列"面料"

（4）同操作步骤（2），新建序列"综合"，将项目窗口中文件夹"4"中的素材拖到时间线上，如图 3-2-13 所示。该序列图片的默认持续时间为 40 帧。

图 3-2-13　新建序列"综合"

不同的序列在时间线上以不同的标签显示，可以单击序列标签进行切换。单击时间线上标签上的关闭按钮▆可以关闭该序列标签，双击项目窗口中的序列图标，则在时间线上打开该序列。

提示：在项目窗中新建序列时，可能序列没有建在根目录下，而是建在某个文件夹中，这时可以先选择该序列，用鼠标将其拖拽到根目录下即可。避免新建序列建在子目录中的办法是：在新建序列时，确保项目窗口中不选择任何素材。

（5）新建序列"最终效果"，在新序列中，将项目窗口中的序列"综合"拖到时间线的视频轨道 Video1 上；将项目窗口中的序列"工艺品"拖到时间线的视频轨道 Video2 上；将项目窗口中的序列"服装"拖到时间线的视频轨道 Video3 上，如图 3-2-14 所示。

图 3-2-14 序列"最终效果"

此时会发现音频轨道上出现了内容,在此暂且不处理,最后将一并删除这些内容。而且在需要添加第 4 个轨道时,发现时间线上轨道数量不足。这就需要增加新的轨道。

(6)右击时间线轨道名称,在弹出的菜单中选择"Add Tracks"(添加轨道)命令,如图 3-2-15 所示。在弹出的"Add Tracks"(添加轨道)对话框中,设视频轨道数量为 1,音频轨道数量为 0,如图 3-2-16 所示。单击"OK"按钮后就增加了 Video4(视频轨道 4)。

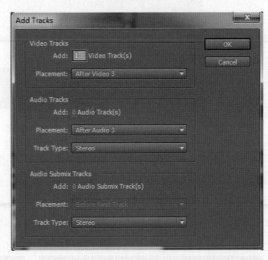

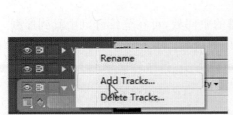

图 3-2-15　添加轨道命令　　　　　　　图 3-2-16　添加轨道

(7)对齐序列素材尾部。在序列"最终效果"中,将项目窗口中的序列"面料"拖到时间线的视频轨道 Video4 上;此时整个时间线结束的长度不一致,序列"综合"的长度略长一些。将其缩短有两个方法:方法一是将鼠标移到序列"综合"末端,调整其出点,使其前移与其他素材的末端对齐;方法二是将时间线指针移到最短的素材末尾处,单击工具栏中的剃刀工具 ，在视频轨道 Video1 序列"综合"的时间指针处单击,就可以将序列"综合"在时间指针处分割开。鼠标单击工具栏中的选择工具 ，再单击分开的最后一段,按键盘上的 Delete 键,删除多余的素材部分,时间线如图 3-2-17 所示。

图 3-2-17　序列"最终效果"

（8）删除音频。右击视频轨道 Video4 中的素材，在弹出菜单中选择"Unlink"（拆分）命令。再分别选择 Video3、Video2、Video1 的素材，进行同样的操作，解除与音频的连接。框选所有的音频轨道上的素材，按键盘上的 Delete 键删除音频，如图 3-2-18所示。

图 3-2-18　删除音频

（9）调整图像大小。将时间指针放置在轨道的中间处，可在节目窗口中看到序列素材内容。此时显示的是最上面的轨道 Video4 中的内容。单击节目窗口中的画面，则出现了控制边框，调整 4 个顶角的控制点，改变图像大小，再将画面拖到右下角，如图3-2-19所示。

图 3-2-19　调整轨道 Video4 中的素材大小

（10）复制素材属性。在时间线上单击选中轨道 Video4 中的素材，按 Ctrl＋C 键进行复制，再选中轨道 Video3 中的素材，选择菜单命令"Edit（编辑）→Paste Attributes（粘贴属性）"，此时轨道 Video3 中的素材将变得与轨道 Video4 中的素材一样大，而且位置也重合起来，由于被轨道 Video4 中的素材挡住，因而看不到。

在时间线上选中轨道 Video2 中的素材，单击菜单命令"Edit（编辑）→ Paste Attributes（粘贴属性）"，轨道 Video2 中的素材的大小及位置变得与轨道 Video4 中的素材一样。

此时节目窗口中显示的大的画面是轨道 Video1 中的素材，鼠标在节目窗口上单击大的画面，此时画面出现控制边框，同时会发现轨道 Video1 中的素材被选中。调整画面的大小与位置，放置到节目窗口的左侧。在节目窗口中单击调小的画面进行拖动，会发现重合的画面被显示出来。在节目窗口中调整四个轨道上的素材的位置和大小，使其布局如图 3-2-20 所示。

图 3-2-20　节目窗口各轨道序列素材的布局

4. 测试和输出

单击节目窗口中的播放按钮▶进行预览测试，测试完成后，选择菜单命令"File（文件）→Export（输出）→Media（媒体）"命令，进入"Export Setting"（输出设置）对话框，在右侧的"Format"（格式）的下拉菜单中选择"MPEG2"。在"Preset"（预置）中选择"PAL DV High Quality"，在"Output Name"（输出名称）的右侧单击文件名，指定文件的保存路径，文件名为"设计的艺术.mpg"，如图 3-2-21 所示。单击"Export"（输出）按钮进行渲染输出。

5. 项目文件打包

选择菜单命令"Project→Project Manage"，调出"Project Manage"（项目管理器）对话框，具体设置如图 3-2-22 所示。这样打包后的项目文件夹复制时，不会丢失素材。

图 3-2-21　输出设置

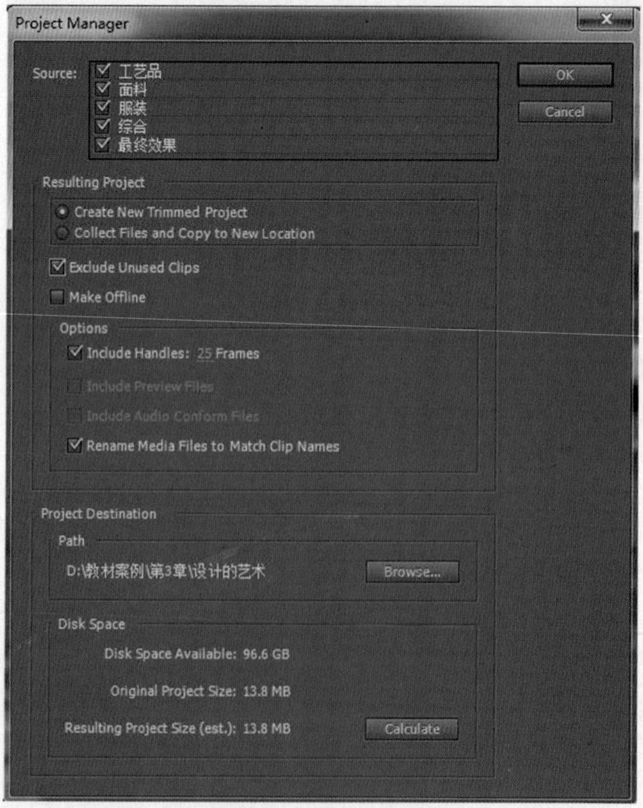

Project Manager

Source: ☑ 工艺品
　　　　 ☑ 面料
　　　　 ☑ 服装
　　　　 ☑ 综合
　　　　 ☑ 最终效果

OK

Cancel

Resulting Project

　◉ Create New Trimmed Project
　○ Collect Files and Copy to New Location

☑ Exclude Unused Clips

☐ Make Offline

Options
　☑ Include Handles: 25 Frames
　☐ Include Preview Files
　☐ Include Audio Conform Files
　☑ Rename Media Files to Match Clip Names

Project Destination

Path
　D:\教材案例\第3章\设计的艺术　　　　　Browse...

Disk Space
　　Disk Space Available: 96.6 GB
　　Original Project Size: 13.8 MB
　　Resulting Project Size (est.): 13.8 MB　　Calculate

图 3-2-22　项目打包设置

3.3 多摄像机序列编辑技术——《产品介绍》

3.3.1 学习目标

本节主要讲解如何利用 Premiere CS5 的多摄像机序列编辑技术实现多机位视频的剪辑,同时对序号标记、序列嵌套、三点编辑等技术进行了巩固,有利于制作有一定技巧的视频剪辑。《产品介绍》最终效果如图 3-3-1 所示。

图 3-3-1 《产品介绍》最终效果

3.3.2 相关知识

使用"Multi-Camera Monitor"(多摄像机监视器)可以从多摄像机中编辑素材,以便模拟摄像机的切换。使用这种技术可以最多同时编辑 4 部摄像机拍摄的内容。

多摄像机监视器可以从每个摄像机中播放素材,并预览最终排列好的序列。当记录最终序列的时候,单击一个摄像机预览,将其激活,并从此摄像机中进行录入。当前摄像机内容处在播放模式,显示黄色边框;处在记录模式,则显示红色边框。

在多摄像机编辑中,可以使用任何形式的素材,最多可以整合 4 个视频轨道和 4 个音频轨道。其操作的步骤如下。

(1) 将所需素材片段添加到至多 4 个视频轨道上和音频轨道上。

(2) 为每个素材标记同步点,可以通过设置相同序号的标记或通过每个素材片段的时间码来为每个素材片段设置同步点。

(3) 选中欲进行同步的素材片段,选择菜单命令"Clip(素材)→Synchronize(同步)",在弹出的"Synchronize Clips"(同步素材片段)对话框中选择一种同步的方式,如图 3-3-2 所示。

图 3-3-2 同步素材片段

Clip Start：以素材片段的入点为基准进行同步。

Clip End：以素材片段的出点为基准进行同步。

Timecode：以设定的时间码为基准进行同步。

Numbered Clip Marker：以选中的带序号的标记为基准进行同步。

设置完毕，单击"OK"按钮，则按照设置对素材进行同步。

（4）新建一个序列，将刚刚设置完同步的包含多摄像素材的序列作为嵌套序列素材添加到此序列中。选中嵌套序列素材片段，使用菜单命令"Clip（编辑）→Multi-Camera（多摄像机）→Enable（启用）"，激活多摄像机编辑功能，并选择菜单命令"Window（窗口）→Multi-Camera Monitor（多摄像机监视器）"，调出多摄像机监视器窗口。进行录制之前，可以在多摄像机监视器中单击播放按钮▶，进行多摄像机的预览。单击记录按钮◉，并单击播放按钮▶，开始进行录制。在录制过程中，通过单击各个摄像机视频缩略图，在各个摄像机之间进行切换，其对应快捷键分别是1、2、3、4数字键。录制完毕，单击停止按钮■，结束录制，如图3-3-3所示。

图3-3-3　多摄像机监视器

（5）再次播放预览动画，序列已经按照录制时的操作在不同的区域显示不同的摄像机素材片段，并且以[MC1]、[MC2]的方式标记素材的摄像机来源，如图3-3-4所示。

图3-3-4　多机位切换后的时间线

除了使用录制的方式外,还可以手动拖拽当前时间指针并切换镜头,这样可以精确定位。

录制完毕,在时间线窗口中双击多摄像机素材片段,可以在源素材窗口中重新设置镜头,还可以使用一些基本的剪辑方式对录制的序列进行修改和编辑。

3.3.3 任务实施

1. 新建项目和序列

启动 Premiere CS5,新建项目"产品介绍";在"New Sequence"(新建序列)对话框中,单击左侧的 DV-PAL 下的 Widescreen 48kHz。新建序列名称为"品尝",如图3-3-5所示。单击"OK"按钮进入 Premiere CS5 的工作界面。

图 3-3-5 新建序列"品尝"

2. 导入素材

双击项目窗口空白处,在"Import"(导入)对话框中将素材文件夹中的素材"机位 1. MPG"、"机位 2. MPG"、"机位 3. MPG"导入进来。

3. 在时间线上对位素材

由于每个机位在拍摄时可能不会同时开机,使得拍出来的画面不能完全同步,这就需要进行同步对位。

(1)将素材"机位 3. MPG"拖到时间线视频轨道 Video1 上,将素材"机位 2. MPG"拖到时间线视频轨道 Video2 上,素材"机位 1. MPG"拖到时间线视频轨道 Video3 上,如图 3-3-6 所示。

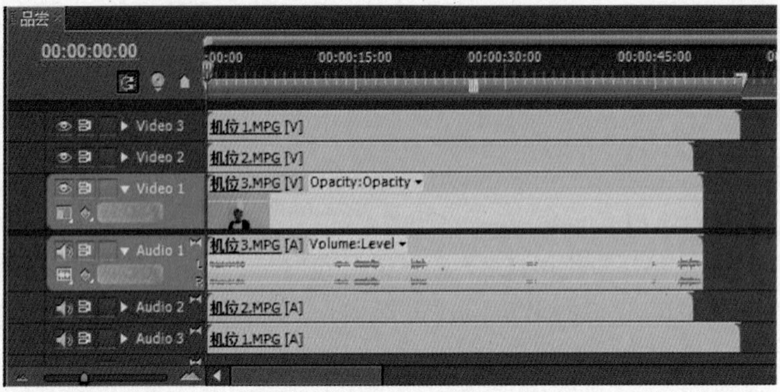

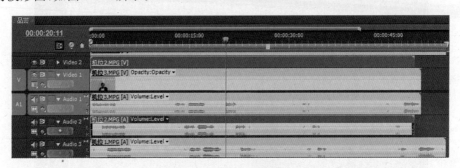

图 3-3-6　时间线上的素材排列

（2）进行同步定位时，首先要预览素材，找到比较典型的画面动作或声音，并为其添加序号标记。然后移动素材对齐标记点，用一个轨道的视频对应其他轨道的音频进行错位测试，若声音与画面动作协调了，就说明对好位了。

单击音频轨道 Audio2、Audio3 左侧的按钮▶️，将音轨展开，此时就能看到 3 个音轨的波形图，如图 3-3-7 所示。

图 3-3-7　展开的音频轨道

单击音频轨道 Audio1、Audio2 左侧的按钮🔊，取消这两个音轨的声音，只播放音轨 Audio3 的声音。单击节目窗口中的播放按钮▶️进行预览，找到比较典型的画面和声音，此处找了一个观众上场品尝、其他观众拍手的瞬间，因为在此之前画面中的声音是静止的，拍手瞬间的声音波形图比较明显。将时间线指针移到此处，并放大时间线，精确调整时间指针的位置，如图 3-3-8 所示。

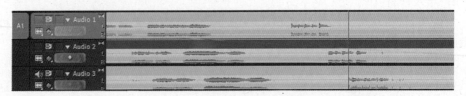

图 3-3-8　根据波形图定位时间指针

（3）单击音轨 Audio3 上的素材，将该素材选中，选择菜单命令"Marker（标记）→Set Clip Marker（设置素材标记）→Other Numbered（其他编号）"，如图 3-3-9 所示。在弹出的"Set Numbered Marker"(设置序号标记)对话框中输入"1",如图 3-3-10 所示。则序号为"1"的素材标记添加到时间线所在位置的素材上,如图 3-3-11 所示。

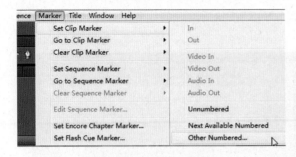

图 3-3-9　添加标记序号　　　　　　　　　图 3-3-10　设置标记号

图 3-3-11　为 Audio3 设置标记序号

（4）单击 Video3 左侧的眼睛按钮 隐藏 Video3 的内容,使得画面显示 Video2 的内容。单击音频轨道 Audio3 左侧的按钮 ,取消这个音轨的声音。单击音频轨道 Audio2 左侧的喇叭处按钮,恢复这个音轨的声音。现在看到、听到的将是 Vidoe2、Audio2 的画面和声音。同步骤（2）、（3）的操作,找到 Vidoe2、Audio2 中对应的拍手瞬间,并为其添加标记序号为"1"的素材标记。

同样的操作方法,在 Vidoe1、Audio1 中找到拍手的瞬间,并为其添加标记序号为"1"的素材标记。

由此,三个素材各自在自己素材中找到同一个画面并为其添加了标号为"1"的标记,这些标记点将作为每个素材的同步点,如图 3-3-12 所示。

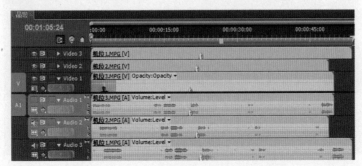

图 3-3-12　添加有序号的素材标记作为同步点

（5）选中欲进行同步的所有素材片段，选择菜单命令"Clip（素材）→ Synchronize（同步）"，在调出的"Synchronize Clips"（同步素材片段）对话框中选择最后一种同步方式"Numbered Clip Marker"，标记序号设为"1"，如图 3-3-13 所示。这样素材将以选中的序号为"1"的标记为基准进行同步，单击"OK"按钮后的时间线如图 3-3-14 所示。

图 3-3-13　同步素材片段

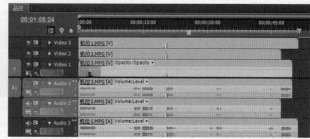

图 3-3-14　同步后的时间线素材片段

（6）此时可以打开音轨 Audio1 的声音和显示 Video3 的画面，关闭 Audio2、Audio3 的声音，进行测试，此时播放的是 Video3 上的视频，听到的声音则是 Audio1 的声音。观察是否同步。

4. 多摄像机进行切换

（1）新建一个序列，单击左侧的 DV-PAL 下的 Widescreen 48kHz。新建序列命名为"最终效果"，如图 3-3-15 所示。

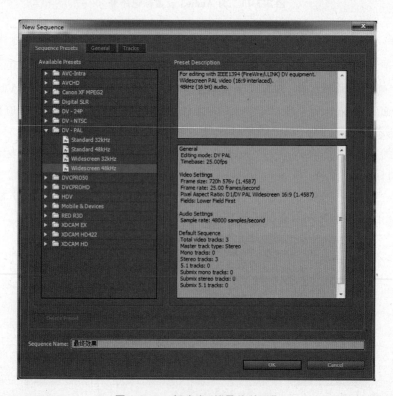

图 3-3-15　新建序列"最终效果"

（2）将设置完同步的包含多摄像机素材的序列作为嵌套序列素材添加到此序列中，如图 3-3-16 所示。

图 3-3-16　时间线序列嵌套

（3）选中嵌套序列素材片段，使用菜单命令"Clip（素材）→Multi-Camera（多摄像机）→Enable（启用）"，激活多摄像机编辑功能，并使用菜单命令"Window（窗口）→ Multi-Camera Monitor（多摄像机监视器）"，调出多摄像机监视器窗口，如图 3-3-17 所示。

图 3-3-17　多摄像机监视器窗口

进行录制之前，可以在多摄像机监视器中单击播放按钮▶，进行多摄像机的预览。单击记录按钮◉，并单击播放按钮▶，开始进行录制。在录制过程中，通过单击各个摄像机视频缩略图，实现各个摄像机之间的切换，其对应快捷键分别是 1、2、3、4 数字键。录制完毕，单击停止按钮■，结束录制。

（4）再次播放预览动画，序列已经按照录制时的操作在不同的区域显示不同的摄像机素材片段，并且以[MC1]、[MC2]的方式标记素材的摄像机来源，如图 3-3-18 所示。

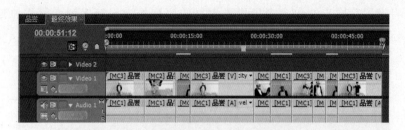

图 3-3-18　多摄像机切换后的时间线

（5）预览时，可能会发现画面切换的时机有时可能提前，有时可能推后，可以利用 Rolling Edit Tool（滚动编辑工具），在两个素材连接处往左或往右轻微进行拖动，改变相邻素材的入点和出点，以达到最佳效果。

（6）播放画面时感觉缺少观众响应的画面，可尝试用三点编辑的方法插入该画面。首先在时间线上进行播放测试，在出现观众声音的区域分别在节目窗口中单击入点按钮和出点按钮，在时间线上定义出要插入的区域，如图 3-3-19 所示。

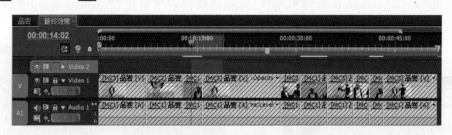

图 3-3-19　时间线上定义要插入的区域

在项目窗口中双击素材"观众. MPG"，在源素材窗口中预览画面，找到需要插入画面的开始部分，在源素材窗口中单击入点按钮，如图 3-3-20 所示。

锁定视频轨道 Video1 和音轨 Audio1，在时间线左侧，将源轨道指示按钮拖到视频轨道 Video2 上，源轨道指示按钮仍然指向音轨 Audio1，视频轨道 Video2 处于选中状态，如图 3-3-21 所示。在源素材窗口中单击覆盖按钮，视频画面将插入到视频轨道 Video2 上，音频没有发生改变，如图 3-3-22 所示。

图 3-3-20　源素材窗口打入点

图 3-3-21　源轨道指示按钮指向视频轨道 Video2

图 3-3-22　利用三点编辑插入素材

进行测试播放,观察素材"观众.MPG"插入的时机是否合适,可以调整其入点、出点的位置,以达到最佳效果。

5. 渲染输出

选择菜单命令"File(文件)→Export(输出)→Media(媒体)",进入"Export Setting"(输出设置)对话框,在右侧的"Format"(格式)的下拉菜单中选择"MPEG2"。在"Output Name"(输出名称)的右侧单击文件名,指定文件的保存路径,文件名为"最终效果.mpg"。勾选"Export Video"(输出视频)和"Export Audio"(输出音频),这两个选项默认已勾选。在右侧下方的"Video"标签中的"Basic Video Setting"(基本视频设置)中,选择"PAL"制,上下拖动右侧的滑块,设置帧输出尺寸为"720×576","Frame Rate"(帧速率)为"25","Field Order"(场顺序)为"None","Pixel Aspect Ratio"(像素宽高比)为宽屏"Widescreen 16:9(1.459)",如图 3-3-23 所示。单击"Export"(输出)按钮进行渲染输出。

图 3-3-23　输出设置

73

本章小结

本章首先介绍了视频剪辑的基本方法,然后逐步深入地讲解了序列嵌套、多摄像机编辑等高级剪辑技术,便于读者根据实际情况灵活地运用不同的剪辑技术,实现理想的剪辑效果。

课后练习

1. 精确剪辑第 1 章《海底世界》,使画面随着音乐的变换而变化。

2. 利用网络资源下载名车图片,利用序列嵌套技术制作一段《酷车欣赏》视频。

3. 多摄像机序列编辑技术的操作步骤是什么?

4 运动效果的应用

4.1 创建运动效果——《海鲜美味等您尝》片头

4.1.1 学习目标

本节主要讲解利用 Premiere 的"Effect Controls"（效果控制）的参数来控制素材的位移、旋转、缩放、不透明度的状态，通过对关键帧的设置和调节，使画面呈现独特的动态效果。《海鲜美味等您尝》片头最终效果如图 4-1-1 所示。

  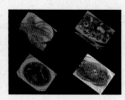 

图 4-1-1 《海鲜美味等您尝》片头最终效果

4.1.2 相关知识

1. 设置关键帧

在时间线上选择一个素材，单击源素材窗口上方的"Effect Controls"（效果控制）标签，如图 4-1-2 所示。在默认情况下该面板都会包含 Motion（运动）、Opacity（不透明度）和 Time Remapping（时间重置）三个属性。在 Motion（运动）属性下包含了 Position（位置）、Scale（比例）、Rotation（旋转）、Anchor Point（锚点）、Anti-Ficker Filter（放闪烁滤镜）几个属性参数。

单击 Motion（运动）前面的 ▦ 按钮，可以在节目窗口中看到素材的控制边框和位置，默认为中心位置，如图 4-1-3 所示。可以拖动节目窗口中心的 ⊕ 来移动画面的位置，移动的同时，在控制面板中 Position（位置）的数值也会相应地改变。拖动图像控制边框的 8 个点可以控制图像的大小，同时 Scale（比例）的数值也会发生变化。

图 4-1-2　效果控制面板

图 4-1-3　节目窗口素材控制边框

在效果控制面板中可以添加和控制关键帧。单击效果名称左边的秒表按钮，启动关键帧，并在时间指针当前位置自动添加一个关键帧，如图 4-1-4 所示。再次单击该按钮，则关闭关键帧，所设的关键帧将被取消。

关键帧导航功能方便了关键帧的管理工作。单击添加和删除关键帧按钮，可以添加或删除当前时间指针所在位置的关键帧。单击此按钮前后的三角形按钮和，可以将时间指针移动到前一个或后一个关键帧的位置，如图 4-1-4 所示。改变属性的数值也可以在时间指针所在的位置自动添加关键帧。若此处已经有关键帧，则更改关键帧数值。

单击属性名称左侧的三角形按钮标记，可以展开此属性的曲线图表，包括数值图表和速率图表，如图 4-1-5 所示。

图 4-1-4　关键帧导航功能

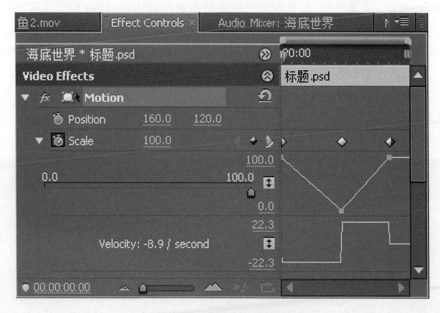

图 4-1-5　属性的曲线图表

2. 设置运动效果

（1）位移动画的设置。将素材添加到时间线的轨道中，在时间线中选中该素材，在效果控制面板中单击 Motion（运动）左侧的▶️按钮展开 Motion（运动）属性，单击 Motion（运动）前面的🔳按钮，节目窗口中的素材出现控制边框，此时拖动该素材或者直接修改 Position（位置）的参数，改变素材在画面中的位置。单击 Position（位置）名称左边的秒表按钮🕙，启动关键帧，并在时间指针当前位置自动添加一个关键帧，将时间指针后移，改变素材在画面中的位置，系统自动在时间指针处添加了一个关键帧。可以多次移动指针，调整素材在画面的位置，就形成了位移动画。如图 4-1-6 所示显示了添加3 个关键帧的位移动画。

图 4-1-6　位移动画

（2）比例动画的设置。将素材添加到时间线的轨道中，在时间线中选中该素材，在效果控制面板中单击 Motion（运动）左侧的▶按钮展开 Motion（运动）属性，单击 Motion（运动）前面的█按钮，节目窗口中的素材出现控制边框，此时拖动该素材的控制边框或者直接修改 Scale（比例）参数，改变素材在画面中的大小。单击 Scale（比例）名称左边的秒表按钮█，启动关键帧，并在时间指针当前位置自动添加一个关键帧，将时间指针后移，改变素材在画面中的比例大小，系统自动在时间指针处添加一个关键帧，就形成了比例动画，如图 4-1-7 所示。同样也可以制作多个关键帧动画。

在效果控制面板中取消勾选"等比（Uniform Scale）"，则可以分别设置素材的高度和宽度比例。

图 4-1-7　比例动画

（3）旋转动画的设置。将素材添加到时间线的轨道中，在时间线中选中该素材，在效果控制面板中单击 Motion（运动）左侧的▶按钮展开 Motion（运动）属性，单击 Motion（运动）前面的█按钮，节目窗口中的素材出现控制边框，将鼠标移到控制点的外侧，当指针变为█形状时，拖动鼠标旋转素材或者直接修改 Rotation（旋转）参数，改变素材在画面中的角度。单击 Rotation（旋转）名称左边的秒表按钮█，启动关键帧，并在时间指针当前位置自动添加一个关键帧,将时间指针后移,改变素材在画面中的旋转角度,系统自动在时间指针处添加了一个关键帧,就形成了旋转动画,如图 4-1-8 所示。同样也可以制作多个关键帧动画。

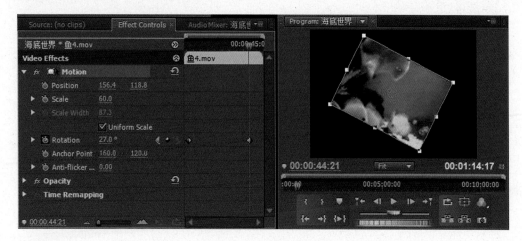

图 4-1-8　旋转动画

当旋转的角度超过 360°时,系统以旋转一圈来标记角度,例如 360°表示为"1×0.0"。当素材进行逆时针旋转时,系统标记为负的角度。

(4) 不透明度动画的设置。在效果控制面板中,展开 Opacity(不透明度)属性,设置其参数,便可以改变素材的不透明度。当素材的 Opacity(不透明度)为 100%,素材完全不透明;当素材的 Opacity(不透明度)为 0.0%,素材完全透明。

4.1.3　任务实施

1. 新建项目和序列

启动 Premiere CS5,新建项目"海鲜美味",在"New Sequence"(新建序列)对话框中,单击左侧的 DV-PAL 下的 Standard 48kHz。序列名称为"海鲜美味",单击"OK"按钮。

2. 导入素材

双击项目窗口的空白处,在弹出的"Import"(导入)对话框中将文件夹《海鲜美味》的素材导入到项目窗口中。在导入素材"标题.psd"时会出现提示,在"Import As"下拉菜单中选择"Individual Layers"(单独层),并勾选列出的 2 个层,如图 4-1-9 所示。

图 4-1-9　选择单独层导入素材

3.时间线编辑第 1 分镜素材

（1）添加视频轨道。右击轨道名称,在弹出的菜单中选择"Add Tracks"(添加轨道)命令,在添加轨道对话框中输入视频轨道数量为"1",其他轨道数量为"0",单击"OK"按钮。

（2）将素材"菜 1.jpg"、"菜 2.jpg"、"菜 3.jpg"、"菜 4.jpg"分别放到视频轨道 Video1～Video4 上,如图 4-1-10 所示。

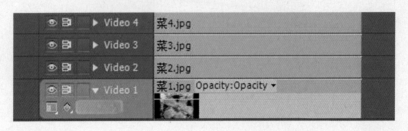

图 4-1-10　时间线排列素材

（3）设置素材比例。单击时间线上的素材"菜 1.jpg",在效果控制面板中单击 Motion(运动)左侧的▶按钮展开 Motion(运动)属性,将 Scale(比例)的参数改为"50",将素材大小缩小"50%"。按照相同的操作,将时间线上的"菜 2.jpg"、"菜 3.jpg"、"菜 4.jpg"的 Scale(比例)也设为"50",如图 4-1-11 所示。

图 4-1-11　调整素材比例参数

（4）设置位置关键帧。将时间线指针拖到第 0 帧,单击时间线上的素材"菜 1.jpg",在效果控制面板中单击 Position(位置)名称左边的秒表按钮🕐,启动关键帧,系统自动在时间指针处添加一个关键帧,如图 4-1-12 所示。

单击时间线的时间码,将时间改为 **00:00:00:10** (第 10 帧处),单击添加和删除关键帧按钮◆,强制添加一个关键帧,如图 4-1-13 所示。

图 4-1-12　启动位置关键帧　　　　　　　图 4-1-13　强制添加关键帧

单击添加和删除关键帧按钮■前面的三角形按钮◀，使得指针跳回到第一个关键帧，修改 Position(位置)的 X 轴的数值为"900"，素材"菜 1.jpg"跳到画面的右边。于是制作了素材"菜 1.jpg"由右向左移动的动画。选中该素材，按 Ctrl＋C 进行复制，再分别选中"菜 2.jpg"、"菜 3.jpg"、"菜 4.jpg"，按 Ctrl＋Alt＋V 复制属性，这样四个轨道上的素材都实现了由右向左移动的动画。由于画面重叠，因此只能看到最上面视频轨道 Video4 的画面。

(5) 移动轨道素材。单击时间线的时间码，将时间改为 **00:00:00:10**，指针移到第 10 帧处，鼠标拖动视频轨道 Video2 上的素材"菜 2.jpg"，使其在时间线上整体后移，直到素材的开始部分与时间指针对齐，如图 4-1-14 所示。

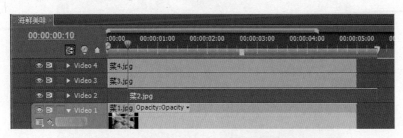

图 4-1-14　在时间线上移动素材

单击时间线的时间码，将时间改为 **00:00:00:20**，指针移到第 20 帧处，鼠标拖动视频轨道 Video3 上的素材"菜 3.jpg"，使其在时间线上整体后移，直到素材的开始部分与时间指针对齐。同理，指针移到第 30 帧处，鼠标拖动素材"菜 4.jpg"整体后移，直到素材的开始部分与时间指针对齐，如图 4-1-15 所示。

图 4-1-15　在时间线上移动排列素材

单击时间线的时间码,将时间改为 `00:00:02:00`,指针移到第 2 秒处,分别将 4 个视频轨道上的素材出点拖到时间指针处,如图 4-1-16 所示。这样便制作了 4 个素材依次进入画面的动画。

图 4-1-16　调整素材出点

4. 时间线编辑第 2 分镜素材

（1）将素材菜 5、菜 6、菜 7、菜 8 分别放到视频轨道 Video1～Video4 上前面的素材后面,调整它们的比例大小分别为 50%,同时调整它们的位置,如图 4-1-17 所示。时间线如图 4-1-18 所示。

图 4-1-17　调整素材的比例与位置

图 4-1-18　时间线排列素材

（2）设置关键帧动画。按 PgUp 或 PgDn 键，使得时间线指针跳到素材"菜5.jpg"开始的地方，单击时间线上的素材"菜5.jpg"，在效果控制面板中单击 Scale(比例)、Rotation(旋转)、Opacity(不透明度)名称左边的秒表按钮，分别启动关键帧，系统自动在时间指针处添加一个关键帧。

单击时间线的时间码，将时间改为 `00:00:02:10`（第 2 秒 10 帧处），选中素材"菜5.jpg"，在效果控制面板中单击 Scale(比例)、Rotation(旋转)、Opacity(不透明度)属性后面的添加和删除关键帧按钮，强制添加关键帧。

单击添加和删除关键帧按钮前面的三角形按钮，使得指针跳回到第一个关键帧，将素材"菜5.jpg"的 Scale(比例)设为"0"、Rotation(旋转)为"-360"、Opacity(不透明度)为"0"。这样就制作了素材"菜5.jpg"由大小为 0、不透明度为 0 逐渐旋转变大、变清晰的动画，如图 4-1-19 所示。

图 4-1-19　设置关键帧数值

（3）同步骤（2），分别选中素材"菜6.jpg"、"菜7.jpg"、"菜8.jpg"，制作由大小为 0、不透明度为 0 逐渐旋转变大、变清晰的动画。

5．制作标题文字动画

（1）添加视频轨道。右击轨道名称，在弹出的菜单中选择"Add Tracks"（添加轨道）命令，在添加轨道对话框中输入视频轨道数量为"2"，其他轨道数量为"0"，单击"OK"按钮。这样就增加了 Video5、Video6 两个轨道。

（2）将时间线指针移动到 2 秒 15 帧处，从项目窗口中分别将标题文字拖到视频轨道 Video5、Video6 上，如图 4-1-20 所示。画面如图 4-1-21 所示。

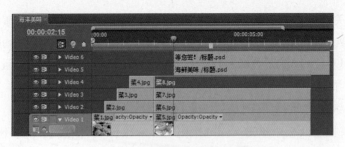

图 4-1-20　时间线添加标题文字素材

图 4-1-21　标题文字

（3）设置标题文字动画。选中标题文字"海鲜美味. psd"，在效果控制面板中单击 Position（位置）名称左边的秒表按钮 ，启动关键帧，系统自动在时间指针处添加一个关键帧。单击时间线的时间码，将时间改为 00:00:02:21（第 2 秒 21 帧处），单击添加和删除关键帧按钮 ，添加关键帧。单击添加和删除关键帧按钮 前面的三角形按钮 ，使得指针跳回到第一个关键帧，设 Position 的数值为（-92，288），如图 4-1-22 所示。这样便制作了文字由左侧飞入画面的动画。

图 4-1-22　设置标题文字动画

同样的操作方法,将时间线指针移动到第 2 秒 15 帧处,选中素材"等您尝",在效果控制面板中启动 Position 的关键帧。将时间指针移到 `00:00:02:21` 处,添加位置 Position 的关键帧。再跳回到第 1 个关键帧,设置位置 Position 的数值为(806,288)。这样便制作了文字由右侧飞入画面的动画。

（4）对齐时间线尾部。单击时间线的时间码,将时间改为 `00:00:04:21`,指针移到第 4 秒 21 帧处,将鼠标移到所有素材的尾部,调整它们的出点,使其与时间指针对齐,如图 4-1-23 所示。

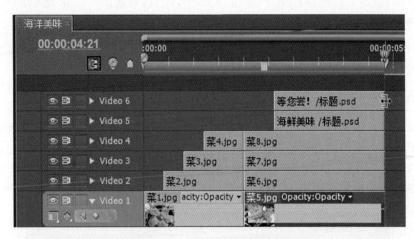

图 4-1-23　调整时间线素材尾部

6. 测试和渲染输出

单击节目窗口中的播放按钮▶进行预览测试,测试完成后,单击菜单"File(文件)→Export(输出)→Media(媒体)"命令,进入"Export Setting"(输出设置)对话框,在右侧的"Format"(格式)的下拉菜单中选择"MPEG2"。在 Preset(预置)中选择 PAL DV High Quality,在 Output Name(输出名称)的右侧单击文件名,指定文件的保存路径,文件名为"海鲜美味.mpg",单击"Export"(输出)按钮进行渲染输出。

4.2　序列嵌套的运动效果——《动物世界》片头

4.2.1　学习目标

本节主要讲解了利用 Premiere CS5 序列嵌套技术完成不同的素材组合,并利用关键帧实现嵌套序列的运动效果。同时讲解了制作静帧的不同方法和如何调整素材的速度,最终配合动画效果的制作。《动物世界》片头最终效果如图 4-2-1 所示。

图 4-2-1　《动物世界》片头最终效果

4.2.2 相关知识

1. 生成静止素材图片

某些时候需要将素材片段的某一帧静止,实现的方法有两种。

(1) 将素材拖到时间线上,拖动时间指针到需要输出的静止画面处,单击菜单命令"File→Export→Media",进入"Export Setting"(输出设置)对话框,在右侧的"Format"(格式)的下拉菜单中选择"JPEG"等图像格式。在"Output Name"(输出名称)的右侧单击文件名,指定文件的保存路径,单击"Export"按钮,则输出一张静态的图片,该图片会自动添加在项目窗口中。

双击项目窗口中的该图片,在源素材窗口中设置相应的入点、出点,再插入到时间线指针所在的位置,就出现视频播放到某一时间画面停止一段时间的效果。

(2) 将动态素材片段的入点、出点或标记 0 点贯穿整个素材片段,整个素材将以此为画面、变成一个静止的、画面不变的视频。

在时间线上选中素材片段,双击该素材在源素材窗口,将其打开,并设置好入点、出点或标记 0 点。使用菜单命令"Clip(素材)→Video Option(视频选项)→Frame Hold(静帧)",调出"Frame Hold Option"(静帧选项)对话框,勾选"Hold On"复选框,并在其后的下拉列表中选择欲静止的帧:入点、出点或标记 0 点,如图 4-2-2 所示。

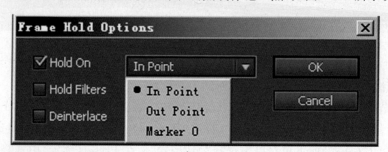

图 4-2-2 静止帧选项

2. 色彩蒙版(Color Matte)

使用菜单"File(文件)→New(新建)→ Color Matte(色彩蒙版)",或单击项目窗口底端的新建按钮 ,在弹出的菜单中选择"Color Matte"选项,设置好基本参数,调出拾色器对话框,在其中设置好色彩后单击"OK"按钮,在弹出的对话框中输入色彩蒙版的名称,单击"OK"按钮便创建一个色彩蒙版文件。

3. 调整素材的播放速度

在编辑影片时,为了实现某些特殊效果,需要改变素材的播放速度。方法有以下两种。

(1) 利用菜单命令进行设置。在时间线窗口或源素材窗口中选择要改变速度的素材,单击菜单命令"Clip(素材)→ Speed/Duration(速度/持续时间)",在弹出的对话框中,可以对 Speed(速度)进行设置,大于 100% 为速度加快,小于 100% 为速度放慢。也可以修改 Duration(持续时间)来改变播放速度。若勾选"Reverse Speed"复选框,则速度反向,素材将进行倒放。若勾选"Maintain Audio Pitch"复选框,则素材变速后,音频的播放能保持原来的音调,如图 4-2-3 所示。

图 4-2-3　速度/持续时间设置

（2）利用 Rate Stretch Tool（速度拉伸工具）进行设置。单击工具面板中的按钮，将鼠标指向要改变速度的素材的出点位置，拖动鼠标可以改变素材的播放速度，而素材的入点、出点不会改变。

4.2.3　任务实施

1. 新建项目和序列

启动 Premiere CS5，新建项目"动物世界"，在"New Sequence"（新建序列）对话框中，单击左侧的 DV-PAL 下的 Standard 48kHz。序列名称为"狮子"，单击"OK"按钮。

2. 导入素材

双击项目窗口的空白处，在弹出的"Import"（导入）对话框中将文件夹《动物世界》的所有素材导入到项目窗口中。

3. 给狮子素材添加白边

（1）建立白板。选择菜单命令"File（文件）→ New（新建）→ Color Matte（色彩蒙版）"，在弹出的菜单中选择"Color Matte"选项，采用默认的基本参数，调出拾色器对话框，在其中设置色彩为白色，单击"OK"按钮，在弹出的对话框中输入色彩蒙版的名称为"白板"，单击"OK"按钮便创建一个白色的底板，并自动添加在项目窗口中。

（2）在项目窗口中，将素材"狮子恋爱.mpg"拖到视频轨道 Video2 上，将素材"白板"拖到视频轨道 Video1 上，如图 4-2-4 所示。

图 4-2-4　时间线素材排列

（3）在时间线上选中素材"白板"，在效果控制面板中单击 Motion（运动）左侧的 ▶ 按钮展开 Motion（运动）属性，取消勾选"Uniform Scale"，设"Scale Height"（比例高度）为"46"，"Scale Width"（比例宽度）为"48"，如图 4-2-5 所示。

图 4-2-5　设置白板属性制作白边效果

4. 给素材"狮子恋爱.mpg"制作静帧画面

（1）将时间线的时间指示改为 `00:00:02:00`，指针移到第 2 秒处，用工具栏上的剃刀工具 在指针处分割素材"狮子恋爱.mpg"，如图 4-2-6 所示。

图 4-2-6　分割素材"狮子恋爱.mpg"

（2）鼠标单击工具栏中的选择工具，再单击选中分割后右边的素材"狮子恋爱.mpg"，选择菜单命令"Clip→Video Option→Frame Hold"，调出"Frame Hold Option"对话框，勾选"Hold On"复选框，并在其后的下拉列表中选择入点（In Point），如图4-2-2所示。单击"OK"按钮，分割后右边的素材将变成与素材入点相同画面的静态的视频。连续播放视频将出现画面在变化一段时间后停留在最后一个画面不动了的效果。

（3）由于该素材的画面要保持到片头结束，素材长度明显不够。需要将素材变长。由于最后部分画面是静止的，可以通过改变播放速度增加素材的长度。单击工具栏中的 Rate Stretch Tool（速度拉伸工具） ，鼠标移到分割后静止素材的尾部向右拖拽，使其在时间线上的长度到 17s 附近。此时素材"白板"长度也不够长，用选择工具 移到素材"白板"尾部，向右拖动素材的出点，使其长度与静态素材长度一致，如图 4-2-7 所示。

图4-2-7　改变素材长度

提示：视频素材的长度在达到最长时，不能通过拖动出点进一步增加长度。可通过放慢播放速度来增加其在时间线上的长度。静态的图片则可以通过调整入点、出点的位置来改变其持续的时间长度。

5. 给素材"袋鼠.mpg"制作"白边＋静帧"效果

新建序列"袋鼠"，将素材"白板"和"袋鼠.mpg"分别拖到时间线上，重复步骤3、4，制作"白边＋静帧"效果，如图4-2-8所示。

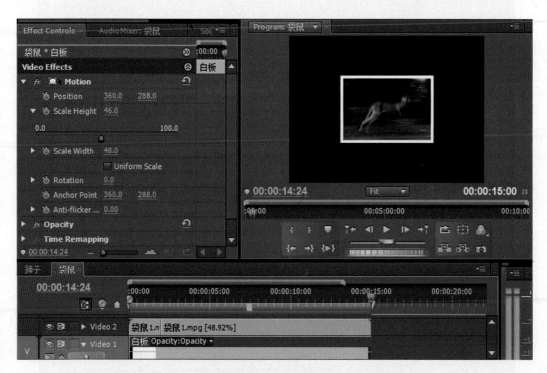

图4-2-8　给素材"袋鼠.mpg"制作"白边＋静帧"效果

6. 给素材"长颈鹿.mpg"制作"白边＋静帧"效果

新建序列"长颈鹿"，将素材"白板"和"长颈鹿.mpg"分别拖到时间线上，重复步骤3、4，制作"白边＋静帧"效果，如图4-2-9所示。

7. 给素材"河马.mpg"制作"白边＋静帧"效果

新建序列"河马"，将素材"白板"和"河马.mpg"分别拖到时间线上，重复步骤3、4，制作"白边＋静帧"效果，如图4-2-10所示。

图 4-2-9　给素材"长颈鹿.mpg"制作"白边＋静帧"效果

图 4-2-10　给素材"河马.mpg"制作"白边＋静帧"效果

8. 综合制作片头

（1）新建序列"最终效果"，右击轨道名称，在弹出菜单中选择"Add Tracks"命令添加轨道，在对话框中设置添加 2 个视频轨道。

在项目窗口中将素材"背景.avi"分两次拖到视频轨道 Video1 上,单击轨道左侧的锁定按钮🔒锁定该轨道,如图 4-2-11 所示。

图 4-2-11　添加背景素材

（2）制作狮子动画。在项目窗口中将序列"狮子"拖到视频轨道 Video2 上,在效果控制面板中展开 Motion(运动)属性,调整 Scale(比例)的数值,使得视频画面满屏,看不到白边。时间指针移到第 2 秒处,分别单击 Position(位置)、Scale(比例)、Rotation(旋转)参数左侧的秒表按钮🕐,启动关键帧,系统自动在时间指针处添加了一个关键帧,如图 4-2-12 所示。

图 4-2-12　调整序列"狮子"初始状态

将时间指针移到第 2 秒 10 帧处,在节目窗口中单击素材,出现控制边框,调整素材的位置、大小和旋转角度,如图 4-2-13 所示。

图 4-2-13　调整序列"狮子"结束状态

（3）制作袋鼠动画。将时间指针移到第2秒18帧处，在项目窗口中将序列"袋鼠"拖到视频轨道 Video3 上，在效果控制面板中展开 Motion（运动）属性，调整 Scale（比例）的数值，使得视频画面满屏，看不到白边。时间指针移到第4秒18帧处，分别单击 Position（位置）、Scale（比例）、Rotation（旋转）参数左侧的秒表按钮🕐，启动关键帧，系统自动在时间指针处添加一个关键帧，如图 4-2-14 所示。

图 4-2-14　调整序列"袋鼠"初始状态

将时间指针移到第5秒03帧处，在节目窗口中单击素材，出现控制边框，调整素材的位置、大小和旋转角度，如图 4-2-15 所示。

图 4-2-15　调整序列"袋鼠"结束状态

（4）制作长颈鹿动画。将时间指针移到第5秒11帧处，在项目窗口中将序列"长颈鹿"拖到视频轨道 Video4 上，在效果控制面板中展开 Motion（运动）属性，调整 Scale（比例）的数值，使得视频画面满屏，看不到白边。时间指针移到第7秒11帧处，分别单击 Position（位置）、Scale（比例）、Rotation（旋转）参数左侧的秒表按钮🕐，启动关键帧，系统自动在时间指针处添加一个关键帧，如图 4-2-16 所示。

图 4-2-16　调整序列"长颈鹿"初始状态

　　将时间指针移到第 5 秒 03 帧处,在节目窗口中单击素材,出现控制边框,调整素材的位置、大小和旋转角度,如图 4-2-17 所示。

图 4-2-17　调整序列"长颈鹿"结束状态

　　(5) 制作河马动画。将时间指针移到第 8 秒 04 帧处,在项目窗口中将序列"河马"拖到视频轨道 Video5 上,在效果控制面板中展开 Motion(运动)属性,调整 Scale(比例)的数值,使得视频画面满屏,看不到白边。时间指针移到第 10 秒 04 帧处,分别单击Position(位置)、Scale(比例)、Rotation(旋转)参数左侧的秒表按钮█,启动关键帧,系统自动在时间指针处添加一个关键帧,如图 4-2-18 所示。

　　将时间指针移到第 7 秒 21 帧处,在节目窗口中单击素材,出现控制边框,调整素材的位置、大小和旋转角度,如图 4-2-19 所示。

图 4-2-18　调整序列"河马"初始状态

图 4-2-19　调整序列"河马"结束状态

（6）制作文字抖动动画。将时间指针移到第 11 秒 05 帧处,在项目窗口中将素材"标题.psd"拖到视频轨道 Video6 上,在效果控制面板中展开 Motion（运动）属性,调整 Scale（比例）的数值为 0,单击 Scale（比例）参数左侧的秒表按钮 ,启动关键帧,系统自动在时间指针处添加一个关键帧。将时间指针移到第 11 秒 11 帧处,调整 Scale（比例）的数值为 138,系统自动添加关键帧。将时间指针移到第 11 秒 15 帧处,调整 Scale（比例）的数值为 89,系统自动添加关键帧。将时间指针移到第 11 秒 17 帧处,调整 Scale（比例）的数值为 118,系统自动添加关键帧。将时间指针移到第 11 秒 19 帧处,调整 Scale（比例）的数值为 100,系统自动添加关键帧。

（7）删除多余的音频。分别右击时间线上的素材"狮子"、"袋鼠"、"长颈鹿"、"河马",在弹出菜单中选择"Unlink"（拆分）命令,将每个素材的视频、音频分离。选中所有音频轨道,按 Delete 键删除。

（8）添加背景音乐。双击项目窗口中的素材"动物世界主题曲.mp3",在源素材窗口中进行播放,通过单击入点按钮 和出点按钮 ,截取其中一段音乐,再将音乐从源素材窗口中拖到时间线音频轨道 Audio1 上。

（9）截取时间线素材的长度。根据音乐和动画的节奏，时间线长度不宜过长。可根据标题文字定格在画面上停留 2～3s 后画面消失的原则，将时间线指针移到 14 秒 06 帧，将所有素材的出点调到此处，如图 4-2-20 所示。

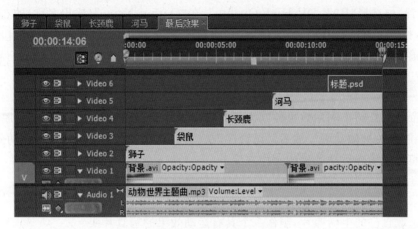

图 4-2-20　时间线素材的排列

（10）为素材画面和声音做淡入淡出效果。新建序列"动物世界"，将序列"最终效果"拖到时间线上，时间指针回到第 0 帧，选中素材，在效果控制面板中展开 Opacity（不透明度）属性，单击添加和删除关键帧按钮；展开 Audio Effect（音频效果）中 Volume（音量）属性，在 Level 右侧单击添加和删除关键帧按钮，添加一个关键帧。指针移到第 20 帧，再次单击按钮分别为两个属性添加关键帧；指针移到 13 秒 12 帧处，再次单击按钮分别为两个属性添加关键帧；指针移到结尾处，设 Opacity（透明度）和 Level 的数值为 0、-287.5。指针回到开始处，设 Opacity（透明度）和 Level 的数值为 0、-287.5，系统会在属性数值发生变化时自动添加关键帧，如图 4-2-21 所示。这样在素材的开头和结尾，分别设置了相关属性的最小值，画面由黑色、无声音逐渐过渡到清晰、有声音。在结束时画面逐渐变黑、声音逐渐减弱下去。

图 4-2-21　制作画面和音量的淡入淡出效果

9. 测试和渲染输出

单击节目窗口中的播放按钮 ▶ 进行预览测试，可根据音乐的旋律前后移动素材进行调整。测试完成后，单击菜单命令"File→Export→Media"，进入"Export Setting"（输出设置）对话框，在右侧的"Format"（格式）的下拉菜单中选择"MPEG2"。在"Preset"（预置）中选择"PAL DV High Quality"，在"Output Name"（输出名称）的右侧单击文件名，指定文件的保存路径，文件名为"动物世界.mpg"，单击"Export"（输出）按钮进行渲染输出。

本章小结

本章首先介绍了利用效果控制面板对素材的位置、比例、旋转、透明度等属性进行设置，并制作关键帧动画。然后又结合序列嵌套和静帧技术制作了复杂的运动效果，便于大家熟悉和掌握运动效果的制作方法。

课后练习

1. 选取自己的生活照片，制作一个具有运动效果的写真片头。
2. 如何使得素材在画面中淡入淡出？

视频转场的应用

5.1 添加编辑视频转场——《2010 上海世博展馆》

5.1.1 学习目标

本节主要讲解了 Premiere 视频转场的添加、删除和编辑的方法,并利用视频转场实现镜头的切换,使得画面的过渡自然流畅。《2010 上海世博展馆》最终效果如图5-1-1所示。

图 5-1-1 《2010 上海世博展馆》最终效果

5.1.2 相关知识

镜头是构成影片的基本要素,在影片中镜头的切换就是转场。有些时候,镜头简单地衔接就可以完成切换,这种最简单的方式被称为硬切。但有些时候,需要从第一个镜头淡出并向第二个镜头淡入,这种方式被称为软切。Premiere CS5 提供了多种转场的方式,可以满足各种镜头转换的需要。

1. 添加视频转场

Premiere 的视频转场集中在"Effects"(效果)面板中,如图 5-1-2 所示。为视频添加转场效果时,可以单击"Video Transitions"(视频切换)文件夹前面的折叠按钮,选择某个效果类型下的一种具体的视频转场效果,将其拖放到视频轨道中两段素材片段的交界处,此时会出现视频转场标记,如图 5-1-3 所示。

视频转场效果可以添加到相邻的两个素材间,也可以添加到一段素材的开头或结尾。

转场时有一个过渡持续时间,需要使用素材片段中的画面作为过渡帧。如果前一

图 5-1-2　效果面板

图 5-1-3　添加 Doors(开关门)转场效果

个素材片段的出点是原始素材的末端,而后一个素材片段的出点是原始素材的开端,当为它们创建转场时,就缺少了用于转场的过渡帧。有时素材片段的入点、出点不是原始素材的开头和结尾,但它们用于转场的过渡帧数少于转场持续时间,当创建转场时,将会出现创建转场的警告信息,提示该转场将会包含重复帧,单击"OK"按钮,系统将重复素材片段的出点或入点帧来完成转场的创建,如图 5-1-4 所示。

图 5-1-4　转场警告信息

2. 删除视频转场

在时间线窗口中,右击要删除的视频转场图标,在弹出的快捷菜单中选择"Clear"(清除)命令。也可以在时间线窗口中,单击要删除的视频转场图标,按 Delete 键删除。

3. 编辑视频转场

为素材片段添加视频转场后,单击视频轨道中视频转场图标,在"Effect Controls"(效果控制)面板中显示转场的各项属性,如图 5-1-5 所示。若双击转场图标,系统自动切换到 Effect Controls(效果控制)面板,并显示各项属性。

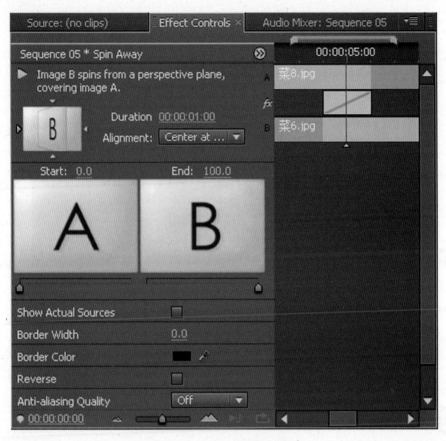

图 5-1-5 转场效果控制面板

虽然每个视频转场的效果各不相同,但是其设置的属性参数大致相同。用户可以根据需要为视频转场设置参数。

· Duration(持续时间):设置视频转场的持续时间。

· Alignment(对齐方式):设置视频转场的对齐方式。Center at cut(居中于切点)是将视频转场放置在相邻的第一段素材片段和第二段素材片段之间;Start at cut(开始于切点)是将视频转场放置在第二段素材片段的开头;End at cut(结束于切点)是将视频转场放置在第一段素材片段的结尾。

· 素材预览窗口:调整滑块可以设置视频转场从哪个位置开始或结束,如图5-1-6所示。

· Show Actual Sources(显示实际来源):勾选复选框,显示画面素材。

· Border Width(边宽):设置两个素材视频转场时边界的宽度。

· Border Color(边色):设置两个素材视频转场时边界的颜色。

· Reverse(反转):勾选复选框,剪辑的转场顺序会发生反转,当没有选择时为由 A 到 B,反转后为由 B 到 A。

· Anti-Aliasing Quality(抗锯齿品质):设置视频转场时边界的平滑程度。

有的转场具有更多可设置的选项。

图 5-1-6　素材预览窗口

4. 替换视频转场

当需要替换新的视频转场效果时,在"Effects"(效果)面板中,选择新的视频转场拖放到原先的视频转场上即可完成替换。

5. 默认转场

通过"Effcts"(效果)面板,还可以设置默认转场效果,在系统缺省状态下,默认的转场效果为"Cross Dissolve"(淡入淡出)。默认的转场效果图标周围以红色显示,视频默认转场的持续时间为 30 帧。

(1) 设置默认转场。如果要将某一转场效果设为系统默认的转场效果,可以按照如下方法操作:首先选中要设为默认转场效果的转场类型,单击"Effects"(效果)面板右上角的下拉菜单按钮■打开下拉菜单,在其中选择"Set Select as Default Transition"(将选中的转场设为默认)命令即可。

(2) 设置默认的转场持续时间。可以单击"Effects"(效果)面板菜单中的"Default Transition Duration"(默认转场持续时间)命令,在出现的对话框中改变相应字段的数值来实现,如图 5-1-7 所示。

(3) 添加默认转场。单击轨道标签,选中欲施加转场的轨道,将时间指针拖放到素材片段的连接点上,选择菜单命令"Sequence→Apply Video Transition→Apply Default Transition to Selection",可以为素材添加默认的视频转场效果。

图 5-1-7　默认转场效果持续时间设置

5.1.3　任务实施

1. 新建项目和序列

启动 Premiere CS5,新建项目"展馆",在"New Sequence"(新建序列)对话框中,单击左侧的 DV-PAL 下的 Standard 48kHz。序列名称为"展馆",单击"OK"按钮。

2. 导入素材

双击项目窗口的空白处,在弹出的"Import"(导入)对话框中将文件夹"2010 世博展馆"的素材导入到项目窗口中。在导入素材"标题. psd"时会出现提示,在"Import As"下拉菜单中选择默认的"Merge All Layers"(合并所有层),如图 5-1-8 所示。

图 5-1-8　选择合并所有层导入素材

3. 在时间线上编辑素材

（1）将素材"中国.jpg"、"沙特.jpg"、"日本.jpg"、"阿联酋.jpg"、"法国.jpg"、"英国.jpg"、"加拿大.jpg"分别拖到视频轨道 Video1 上，将素材"标题.psd"拖到视频轨道 Video2 上，单击时间线底部的滑块  ，调整素材在时间线上的显示比例，如图 5-1-9 所示。

图 5-1-9　时间线排列素材

（2）在如图 5-1-10 所示的"Effects"（效果）面板中，展开 Video Transtiton（视频切换）文件夹，选中 Dissolve（溶解）子文件夹下的 Cross Dissolve（淡入淡出）转场效果，将其拖到素材"中国.jpg"的左端和右端、素材"标题.psd"的左端和右端、素材"加拿大.jpg"的右端，形成开场时画面由黑变亮的效果，如图 5-1-11 所示。

图 5-1-10　效果面板

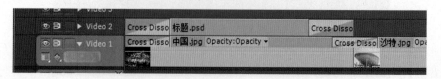

图 5-1-11　添加淡入淡出转场效果

（3）在"Effects"（效果）面板中，展开 Video Transtiton（视频切换）文件夹，选中 3D Motion（3D 运动）子文件夹下的"Doors"（门）转场效果，将其拖到素材"沙特.jpg"、"日本.jpg"之间，形成关门的转场效果，如图 5-1-12 所示。时间线如图 5-1-13 所示。

图 5-1-12　门转场效果

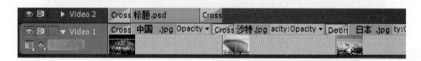

图 5-1-13　时间线转场效果

双击时间线"沙特.jpg"、"日本.jpg"之间的视频转场图标，打开"Effects"（效果）面板，显示转场的各项属性，将转场时间改为"00：00：00：20"，勾选"Show Actual Source"（显示实际来源）、"Reverse"（反转），如图 5-1-14 所示。于是转场时间变为 20 帧、转场动作进行翻转，形成开门效果。

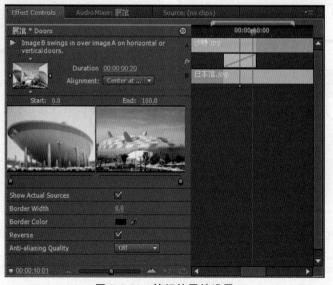

图 5-1-14　转场的属性设置

选中"Wipe"（擦除）选项下的"Gradient Wipe"（渐变擦除）转场效果，将其拖到素材"日本.jpg"、"阿联酋.jpg"之间，形成渐变擦除的转场效果，如图 5-1-15 所示。

图 5-1-15　渐变擦除转场效果

选中"Wipe"（擦除）子文件夹下的"Clock Wipe"（时钟擦除）转场效果，将其拖到素材"阿联酋.jpg"、"法国.jpg"之间，形成时钟擦除的转场效果，如图 5-1-16 所示。

选中"Slide"（滑动）子文件夹下的"Slide Bands"（滑动条）转场效果，将其拖到素材"法国.jpg"、"英国.jpg"之间，形成滑动条擦除的转场效果，如图 5-1-17 所示。

图 5-1-16　时钟擦除转场效果

图 5-1-17　滑动条转场效果

选中"Dissolve"（溶解）子文件夹下的"Cross Dissolve"（淡入淡出）转场效果，将其拖到素材"英国.jpg"的右端，形成画面逐渐变黑的效果，时间线如图 5-1-18 所示。

图 5-1-18　时间线转场效果排列

读者可以在时间线上继续添加其他的场馆素材，并为其添加不同的转场效果。双击转场图标可以修改转场参数。

4. 测试和渲染输出

单击节目窗口中的播放按钮 ▶ 进行预览测试，测试完成后，选择菜单命令"File（文件）→Export（输出）→Media（媒体）"，进入"Export Setting"（输出设置）对话框，在右侧的"Format"（格式）的下拉菜单中选择"MPEG2"。在"Preset"（预置）中选择"PAL DV High Quality"，在"Output Name"（输出名称）的右侧单击文件名，指定文件的保存路径，文件名为"展馆.mpg"，单击"Export"（输出）按钮进行渲染输出。

5.2　可自定义转场效果——《青春争艳》

5.2.1　学习目标

本节主要讲解如何利用 Premiere CS5 的 Gradient Wape（渐变擦除）转场，通过使用图片或其他方式自由定义转场方式实现镜头的切换。《青春争艳》最终效果如图5-2-1所示。

图 5-2-1　《青春争艳》最终效果

5.2.2　相关知识

Gradient Wape（渐变擦除）转场

Gradient Wipe（渐变擦除）转场类似于一种动态蒙版，它使用一张图片作为辅助，通过计算图片的色阶，自动生成渐变擦除的动态转场效果。

Image Mask 转场使用静态图片作为静态蒙版，而 Gradient Wape（渐变擦除）转场则使用静态图片的色阶生成渐变擦除的动态转场效果。

在"Effects"（效果）面板中，展开"Video Transitions"（视频切换）文件夹中的"Wipe"（擦除）子文件夹，将其中的"Gradient Wipe"（渐变擦除）转场拖放到所需的相邻素材片段之间，弹出如图 5-2-2 所示的"Gradient Wipe Settings"（渐变擦除设置）对话框，单击"Select Image"（选择图像）按钮，选择一张具有黑白信息的图片。设置完毕后，对话框左边会显示图片预览,如图 5-2-3 所示。

选择完毕后,通过拖拽滑块调节渐变擦除的柔和度(Softness)。设置完毕,单击"OK"按钮,则可以使用此图片作为渐变擦除的辅助图片,并通过计算自动生成渐变擦除的动态转场效果。

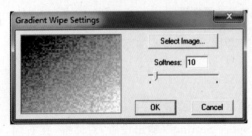

图 5-2-2   渐变擦除设置(1)   图 5-2-3   渐变擦除设置(2)

5.2.3   任务实施

1. 新建项目和序列

启动 Premiere CS5,新建项目"青春争艳",在"New Sequence"(新建序列)对话框中,单击左侧的 DV-PAL 下的 Standard 48kHz。序列名称为"青春争艳",单击"OK"按钮。

2. 导入素材

双击项目窗口的空白处,在弹出的"Import"(导入)对话框中将文件夹《青春争艳》的人物素材导入到项目窗口中。

3. 在时间线上编辑素材

(1)将素材"1.jpg"、"2.jpg"、"3.jpg"、"4.jpg"分别拖到视频轨道 Video1 上。单击时间线底部的滑块 ▁▁▁▁▁▁▁▁▁▁▁ ,调整素材在时间线上的显示比例,如图 5-2-4 所示。

图 5-2-4   时间线排列素材

(2)在"Effects"(效果)面板中,展开"Video Transtiton"(视频切换)文件夹,选中"Wipe"(擦除)子文件夹下的"Gradient Wipe"(渐变擦除)转场效果,将其拖到素材"1.jpg"、"2.jpg"之间,弹出如图 5-2-2 所示的"Gradient Wipe Setting"(渐变擦除设置)对话框,单击"Select Image"(选择图像)按钮,选择图片"灰度图 A.bmp"。设置完毕后,对话框左边会显示图片预览,如图 5-2-5 所示。单击"OK"按钮,则添加了自定义转场效果,如图 5-2-6 所示。

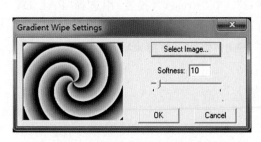

图 5-2-5　渐变擦除设置对话框　　　　　图 5-2-6　自定义渐变擦除转场效果

　　双击时间线"1.jpg"、"2.jpg"之间的视频转场图标,打开"Effects"(效果)面板,显示转场的各项属性,将转场时间改为"00:00:01:20",勾选"Show Actual Source"(显示实际来源),如图 5-2-7 所示。

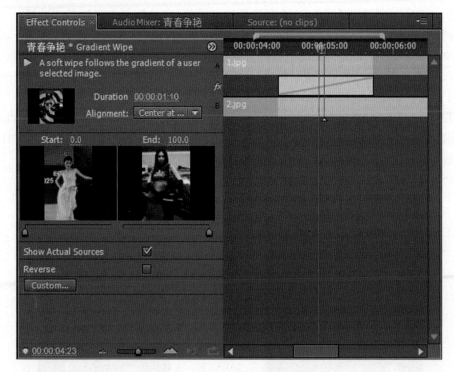

图 5-2-7　转场属性参数的设置

　　(3) 再次选中"Wipe"(擦除)选项下的"Gradient Wipe"(渐变擦除)转场效果,将其拖到素材"2.jpg"、"3.jpg"之间,在弹出的"Gradient Wipe Setting"(渐变擦除设置)对话框,单击"Select Image"(选择图像)按钮,选择图片"灰度图 B.bmp"。设置完毕后,添加了第 2 个自定义转场效果。双击该转场图标,将转场时间改为"00:00:01:20"。

　　(4) 使用相同的操作方法,为素材"3.jpg"、"4.jpg"之间添加自定义渐变擦除转场效果,选择的灰度图片为"灰度图 C.bmp",并将转场时间改为 1 秒 20 帧。

107

4. 测试和渲染输出

单击节目窗口中的播放按钮进行预览测试，测试完成后，选择菜单命令"File(文件)→Export(输出)→Media(媒体)"，进入"Export Setting"(输出设置)对话框，在右侧的"Format"(格式)的下拉菜单中选择"MPEG2"。在"Preset"(预置)中选择"PAL DV High Quality"，在"Output Name"(输出名称)的右侧单击文件名，指定文件的保存路径，文件名为"青春争艳.mpg"，单击"Export"(输出)按钮进行渲染输出。

5.3　常见转场效果

5.3.1　学习目标

本节主要讲解 Premiere CS5 提供的一些主要转场的效果，可根据需要灵活选择合适的转场效果。

5.3.2　相关知识

Premiere CS5 中，提供了 70 余种视频转场效果，这些转场按照效果不同被分为 10 类，分别放置在"Effects"(效果)面板中"Video Transitions"(视频切换)文件夹下的 10 个子文件夹中，它们分别是：3DMotion(3D 运动)、Dissolve(溶解)、Iris(划像)、Map(映射)、Page Peel(翻页)、Slide(滑动)、Special Effect(特殊效果)、Stretch(拉伸)、Wipe(擦除)和 Zoom(缩放)，如图 5-3-1 所示。

1. 3D Motion(3D 运动)类转场

3D Motion(3D 运动)类转场主要是通过三维空间的转化达到转场的效果。3D 运动转场包括 10 种不同的转场，如图 5-3-2 所示。

图 5-3-1　效果面板中视频转场特效文件夹

图 5-3-2　3D 运动转场效果

(1) Cube Spin(立方体旋转)。该转场是将相邻的两个画面看成类似一个立方体的两个相邻的面，它们以旋转的方式实现转场，如图 5-3-3 所示。

（2）Curtain（窗帘）。该转场是将相邻的两个画面在过渡时变成类似窗帘被掀起的运动效果，如图 5-3-4 所示。

图 5-3-3　立方体旋转转场　　　　　　图 5-3-4　窗帘转场

（3）Doors（门）。运用这个效果使后一个场景像关门一样覆盖前一个场景，如图 5-3-5所示。

（4）Flip Over（翻转）。该转场是将相邻两个画面看成一张纸的正反面，通过翻转实现转场，如图 5-3-6 所示。

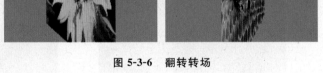

图 5-3-5　门转场　　　　　　　　　图 5-3-6　翻转转场

（5）Fold Up（折叠）。该转场是将相邻两个画面的切换看成是折纸的效果，第一幅画面越折越小直到第二幅画面出现，如图 5-3-7 所示。

（6）Spin（旋转）。该转场是将第二幅画面在屏幕中心以旋转的方式逐渐展开，达到切换效果，如图 5-3-8 所示。

图 5-3-7　折叠转场　　　　　　　　图 5-3-8　旋转转场

(7) Spin Away(旋转离开)。该转场与 Spin(旋转)的效果类似,不同点是旋转效果是在中心平行地旋转,而旋转离开效果是在中心立体地旋转离开,如图 5-3-9 所示。

(8) Swing In(外关门)。该转场是将后一个场景沿着屏幕的一边,像关门一样从后将前一个场景覆盖,如图 5-3-10 所示。

图 5-3-9   旋转离开转场　　　　　　　　　图 5-3-10   外关门转场

(9) Swing Out(内关门)。与外关门效果相反,该转场是将后一个场景沿着屏幕的一边,像关门一样从前方将前一个场景覆盖,如图 5-3-11 所示。

(10) Tumble Away(旋转离开)。该转场是使后一个场景像翻筋斗似的一点点缩小直至屏幕中间消失,如图 5-3-12 所示。

图 5-3-11   内关门转场　　　　　　　　　图 5-3-12   旋转离开转场

2. Dissolve(溶解)转场

Dissolve(溶解)类转场效果感觉比较舒缓,适合表现节奏比较缓慢的场景。著名的 Additive Dissolve(叠加溶解)和 Cross Dissolve(淡入淡出)就属于这一类效果。其产生的效果就像前一场景的帧画面逐渐溶解到后一个场景中。Dissolve(溶解)转场包括 7 种转场特效。

(1) Additive Dissolve(叠加溶解)。该转场将前一场景与后一场景以亮度叠加的方式相融合,如图 5-3-13 所示。

(2) Cross Dissolve(淡入淡出)。该转场将前一场景的结尾处与后一场景的开始处交叉叠加,逐渐显示出后一个场景,如图 5-3-14 所示。

图 5-3-13　叠加溶解转场　　　　　　　　图 5-3-14　淡入淡出转场

（3）Dip to Back（黑场过渡）。该转场使前一场景逐渐变黑，而后一场景逐渐从黑暗中出现，从而呈现特殊的视觉效果，如图 5-3-15 所示。

图 5-3-15　黑场过渡转场

（4）Dip to White（白色过渡）。该转场与 Dip to Back（黑场过渡）相类似，不同点是白色过渡是使前一场景逐渐变白，而后一场景逐渐从白色中出现，如图 5-3-16 所示。

图 5-3-16　白色过渡转场

（5）Dither Dissolve（颗粒溶解）。该转场是使前后场景的溶解以颗粒状呈现，如图 5-3-17 所示。

（6）Non-Additive Dissolve（非叠加溶解）。该转场是将后一场景中最亮的地方直接叠加在前一场景中，使前一场景逐渐消失，如图 5-3-18 所示。

图 5-3-17　颗粒溶解转场　　　　　　　　图 5-3-18　非叠加溶解转场

（7）Random Invert（随机转化）。该转场是使前一场景以随机反色的方式显示直到消失，并逐渐显示出后一场景的画面，如图 5-3-19 所示。

3. Iris(划像)转场

Iris(划像)类转场主要是通过画面中不同形状的图形面积的变化达到转场过渡的效果。该类转场都是在屏幕中心位置开始或者结束,共包括7种分割效果。

(1) Iris Box(盒子划像)。该转场使后一场景逐渐出现在一个慢慢变大的矩形中,最后覆盖前一场景,如图 5-3-20 所示。

图 5-3-19　随机转化转场　　　　图 5-3-20　盒子划像转场

(2) Iris Cross(十字划像)。该转场将后一场景出现在一个十字形中,然后逐渐变大并覆盖前一场景,如图 5-3-21 所示。

(3) Iris Diamond(钻石形划像)。该转场使后一场景在屏幕中心以菱形出现,逐渐放大,覆盖前一场景,如图 5-3-22 所示。

图 5-3-21　十字划像转场　　　　图 5-3-22　钻石形划像转场

(4) Iris Points(四角交叉)。该转场使前一场景以 X 形状逐渐缩小到屏幕中心消失,后一场景出现,如图 5-3-23 所示。

(5) Iris Round(圆形划像)。该转场是后一场景出现在逐渐变大的圆形中,慢慢覆盖前一场景,如图 5-3-24 所示。

图 5-3-23　四角交叉转场　　　　图 5-3-24　圆形划像转场

（6）Iris Shapes（形状划像）。该转场可以使后一场景出现在菱形、矩形、椭圆形中，然后逐渐变大覆盖前一场景，如图5-3-25所示。

运用转场之后双击时间线上的转场图标可以弹出"Effect Controls"（效果控制）面板，在"Custom"（自定义）设置中可以选择形状的类型为矩形、椭圆或者菱形，并且可以调节形状的高度和宽度，如图5-3-26所示。

图 5-3-25　形状划像转场

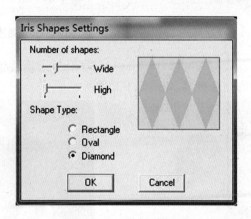

图 5-3-26　形状划像设置

（7）Iris Star（星形划像）。该转场可以使后一场景出现在慢慢变大的星形中，并逐渐覆盖前一场景，如图5-3-27所示。

4. Map（映射）转场

Map（映射）类转场主要通过混色原理和通道叠加的方式实现转场，这类转场包括两个映射，即 Channel Map（通道映射）和 Luminance Map（亮度映射）。

（1）Channel Map（通道映射）。该转场是通过两个场景通道的叠加实现转场，在一个场景的通道映射到另一个场景的通道之后可以显示出特殊的颜色效果，选择"Effect Controls"（效果控制）面板中的"Custom"（自定义）设置，可以在如图5-3-28所示的对话框中选择通道，然后选择是否翻转颜色，可以获得如图5-3-29所示的效果。

图 5-3-27　星形划像转场

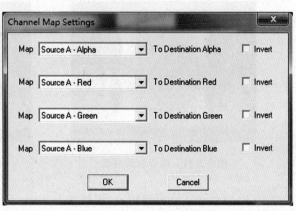

图 5-3-28　通道映射设置

图 5-3-29　通道映射转场

（2）Luminance Map（亮度映射）。该转场是用一个场景的亮度级别替换另一个场景的亮度级别，如图 5-3-30 所示。

图 5-3-30　亮度映射转场

5. Page Peel（卷页）转场

Page Peel（卷页）类转场效果都是模仿翻页的效果完成剪辑之间的转场过渡，共包括 5 种翻页效果。

（1）Center Peel（中心剥落）。该效果将前一场景从中心向四周翻开，达到卷页的效果从而逐渐显现后一场景，如图 5-3-31 所示。

（2）Page Peel（单页卷页）。该转场将前一场景从左上角或者从右下角以卷页的方式显现后一场景，默认情况下是左上角向下翻的效果，如图 5-3-32 所示。在"Effect Controls"（效果控制）面板中选择"Reverse"（反转）后则呈现右下角向上翻的效果。

图 5-3-31　中心剥落转场　　　　　　　图 5-3-32　单页卷页转场

（3）Page Turn（页面翻转）。该转场与 Page Peel（单页卷页）类似，但此效果中的前一场景在翻向后一场景的过程中，会以颠倒的方式出现在卷页的背面，如图 5-3-33 所示。

（4）Peel Back（剥落卷页）。该转场将前一场景从中心点分为四个部分依次从中心向四周翻开,从而露出后一场景,如图 5-3-34 所示。在"Effect Controls"(效果控制)面板中选择"Reverse"(反转),可以出现从四角向中心翻的效果。

图 5-3-33　页面翻转转场

图 5-3-34　剥落卷页转场

（5）Roll Away（滚动卷页）。该转场模拟画卷的效果,从左边或者右边卷起前一场景,从而显现后一场景,如图 5-3-35 所示。

图 5-3-35　滚动卷页转场

6. Slide（滑行）转场

Slide（滑行）主要以条或块滑动的方式达到转场过渡的效果,主要包括 12 种转场。

（1）Band Slide（带状滑行）。该转场将后一场景分割为横向条带的形状从左右两侧向中心移动,或从中心向两侧移动,如图 5-3-36 所示。

（2）Center Merge（中心融合）。该转场使前一场景逐渐压缩到中心从而露出后一场景,如图 5-3-37 所示。

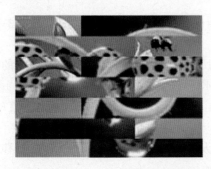
图 5-3-36　带状滑行转场

图 5-3-37　中心融合转场

（3）Center Split（中心分割）。该转场是前一场景被分为四个象限从中心向四角移出，如图 5-3-38 所示。在"Effect Controls"（效果控制）面板中可以设置"Reverse"（反转）。

（4）Multi-Spin（多重旋转）。该转场是后一场景逐渐出现在多个矩形中旋转着放大并逐渐覆盖前一场景，如图 5-3-39 所示。在"Effect Controls"（效果控制）面板中可以设置横向和纵向矩形的数目，并可以设置"Reverse"（反转）。

图 5-3-38　中心分割转场　　　　　　　图 5-3-39　多重旋转转场

（5）Push（推动）。该转场是后一场景将前一场景推向一边，推出屏幕之外。在"Effect Controls"（效果控制）面板中可以设置上、下、左、右四个推动方向，如图 5-3-40 所示。

（6）Slash Slide（斜线滑行）。该转场是后一场景以斜条的形式插入前一场景，如图 5-3-41 所示。

图 5-3-40　推动转场　　　　　　　图 5-3-41　斜线滑行转场

（7）Slide（滑动）。该转场是使后一场景滑向前一场景，并逐渐覆盖，如图 5-3-42 所示。

（8）Sliding Bands（滑动条）。该转场类似百叶窗的伸展，用水平或者垂直的线条框住后一场景并逐渐覆盖前一场景，如图 5-3-43 所示。

（9）Sliding Boxes（滑动带）。该转场类似 Sliding Bands（滑动条），只是垂直（或水平）部分是块状，如图 5-3-44 所示。

（10）Split（分裂）。该转场是将前一场景从中间裂开分别向上下或者左右移出屏幕，从而逐渐显现出后一场景，如图 5-3-45 所示。

图 5-3-42　滑动转场　　　　　　　　　图 5-3-43　滑动条转场

图 5-3-44　滑动带转场　　　　　　　　图 5-3-45　分裂转场

　　(11) Swap(交替)。该转场是使前后两个场景交替移动,造成后一场景从后方移向前方的效果,如图 5-3-46 所示。

　　(12) Swirl(漩涡)。该转场将后一场景分为多个部分并以漩涡状逐渐在屏幕上放大,从而覆盖前一场景,如图 5-3-47 所示。可以在"Effect Controls"(效果控制)面板中设置分割部分的横向和纵向的数量。

图 5-3-46　交替转场　　　　　　　　　图 5-3-47　漩涡转场

7. Special Effects(特殊效果)转场

Special Effects(特殊效果)类转场收录了一些未被分类的特殊效果的转场,它包括3 种不同的转场。

　　(1) Displace(置换)。该转场是使用前一场景画面中的通道信息替换后一场景中素材的信息,创建了一个图像扭曲,如图 5-3-48 所示。

图 5-3-48　置换转场

（2）Texturize（纹理材质）。该转场将前后两个场景的颜色值进行混合，后一场景的颜色值直接映射到前一场景中，混合后形成特殊效果，从而实现转场，如图 5-3-49所示。

（3）Three－D（三色调映射）。该转场将前一场景中的红色和蓝色通道混合到后一场景中，从而实现特殊效果的转场，如图 5-3-50 所示。

图 5-3-49　纹理材质转场　　　　　　　图 5-3-50　三色调映射转场

8. Stretch（拉伸）转场

Stretch（拉伸）转场主要通过素材的拉伸来实现转场，它包括 5 种转场效果。

（1）Cross Stretch（交叉伸展）。该转场类似一个立方体的转面效果，后一场景出现后，逐渐将前一场景挤压出屏幕，如图 5-3-51 所示。

（2）Stretch（拉伸）。该转场是后一场景从屏幕的上、下、左、右四边或者左上、右上、左下、右下四个角反向逐渐放大，从而覆盖前一场景，如图 5-3-52 所示。

图 5-3-51　交叉伸展转场　　　　　　　图 5-3-52　拉伸转场

（3）Stretch In（拉伸飞入）。该转场是将后一场景分割成部分，以放大的变形图形逐渐缩小覆盖前一场景,这期间前一场景以淡入的形式消失不见,如图 5-3-53 所示。

(4) Stretch Over(拉伸覆盖)。该转场是后一场景从屏幕中心逐渐展开,从细长条变形放大到覆盖整个屏幕,如图 5-3-54 所示。

图 5-3-53 拉伸飞入转场

图 5-3-54 拉伸覆盖转场

9. Wipe(擦除)转场

Wipe(擦除)类转场通过擦除前一场景的不同部分来显示后一场景,它包括 17 种转场效果。

(1) Band Wipe(带状擦除)。该转场是将后一场景分割成多个带状,然后从不同方向进入屏幕逐渐覆盖前一场景,如图 5-3-55 所示。

(2) Barn Doors(仓门)。该转场是前一场景像开门一样打开从而露出后一场景,如图 5-3-56 所示。

图 5-3-55 带状擦除转场

图 5-3-56 仓门转场

(3) Checker Wipe(方格擦除)。该转场将后一场景分为多个方格,然后逐渐将前一场景擦除,如图 5-3-57 所示。

(4) Checker Board(棋盘)。该转场是像棋盘一样,后一场景逐渐将前一场景覆盖,如图 5-3-58 所示。

(5) Clock Wipe(时钟擦除)。该转场是将后一场景以时钟旋转的方式出现并逐渐覆盖住前一场景,如图 5-3-59 所示。

(6) Gradient Wipe(渐变擦除)。该转场是后一场景在逐渐覆盖前一场景的时候,利用一个灰度图的亮度值来确定先擦除前一场景的某个部分,并按照亮度值依次从高到低擦除相应部分,如图 5-3-60 所示。

图 5-3-57　方格擦除转场

图 5-3-58　棋盘转场

图 5-3-59　时钟擦除转场

图 5-3-60　渐变擦除转场

　　（7）Inser（插入）。该转场是后一场景出现在四角任意一角的小方块中并逐渐放大将前一场景擦除，如图 5-3-61 所示。

　　（8）Paint Splatter（涂料飞溅）。该转场是将后一场景看成涂料，喷溅到前一场景中，逐渐覆盖前一场景，如图 5-3-62 所示。

图 5-3-61　插入转场

图 5-3-62　涂料飞溅转场

　　（9）Pinwheel（风车）。该转场是以旋转风车的形状逐渐变大，擦除前一场景，如图 5-3-63 所示。

　　（10）Radial Wipe（射线擦除）。该转场以四角任意一角为圆心，像扇子打开一样逐渐擦除前一场景，如图 5-3-64 所示。

　　（11）Random Blocks（随机块状）。该转场是后一场景以随机的方式出现在任意矩形当中，矩形由少到多，逐渐覆盖前一场景，如图 5-3-65 所示。

　　（12）Random Wipe（随机擦除）。该转场是后一场景逐渐出现在顺着屏幕上方或者左侧拉出的随机小方块中,逐渐覆盖前一场景,如图 5-3-66 所示。

图 5-3-63　风车转场　　　　　　图 5-3-64　射线擦除转场

图 5-3-65　随机块状转场　　　　　图 5-3-66　随机擦除转场

(13) Spiral Boxes(螺旋盒子)。该转场是将后一场景以矩形边框的形式出现,按顺时针向中心擦除,并逐渐由后一场景将前一场景擦除干净,如图 5-3-67 所示。

(14) Venetian Blinds(软百叶窗)。该转场是从上到下或者从左到右,以百叶窗的形式将前一场景擦除,后一场景也以百叶窗的形式显露,如图 5-3-68 所示。

图 5-3-67　螺旋盒子转场　　　　图 5-3-68　软百叶窗转场

(15) Wedge Wipe(扇形擦除)。该转场是后一场景以扇形打开的方式逐渐覆盖前一场景,如图 5-3-69 所示。

(16) Wipe(擦除)。该转场是后一场景从屏幕的一侧或者四角中的一角开始进入,逐渐擦除前一场景,如图 5-3-70 所示。

图 5-3-69　扇形擦除转场

图 5-3-70　擦除转场

（17）Zip-Zag Blocks（Z 形划块）。该转场是在转场的过程中后一场景按 Z 字形的方向逐渐擦除前一场景，如图 5-3-71 所示。

图 5-3-71　Z 形划块转场

10. Zoom（缩放）转场

Zoom（缩放）转场通过放大或缩小的方式创建独特视觉效果实现转场。它包括 4 个转场特效。

（1）Cross Zoom（推拉缩放）。该转场是前一场景逐渐放大，扩大到中心逐渐虚化，后一场景也从虚化开始逐渐缩小到正常图像尺寸，如图 5-3-72 所示。

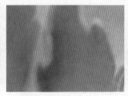

图 5-3-72　推拉缩放转场

（2）Zoom（缩放）。该转场是使后一场景逐渐放大到覆盖前一场景，在"Effect Controls"（效果控制）面板中可以设置"Reverse"（反转），如图 5-3-73 所示。

（3）Zoom Boxes（盒子缩放）。该转场将后一场景分割为多个矩形，然后逐渐放大将前一场景覆盖，如图 5-3-74 所示。

（4）Zoom Trails（拖尾缩放）。该转场是使前一场景逐渐缩小，但在缩小同时会显示缩小过程的轨迹，形成一个拖尾的视觉效果，后一场景沿着缩小的轨迹逐渐放大充满画面，如图 5-3-75 所示。

图 5-3-73　缩放转场

图 5-3-74　盒子缩放转场

图 5-3-75　拖尾缩放转场

本章小结

本章详细介绍了视频转场效果的添加方法,以及对添加的转场如何进行具体参数的设定;还讲解了自定义转场的制作方法。此外,还介绍了 Premiere 提供的各种转场效果的特点,方便读者参阅学习。

课后练习

1.从网上搜集世博展馆的图片,制作一个完整的展馆介绍,并添加恰当的转场效果。

2.自己绘制一张具有黑白信息的图片,尝试制作自定义转场效果。

6

视频特效的应用

6.1 添加编辑视频特效——特效集锦《奇妙的动物》

6.1.1 学习目标

本节主要讲解了 Premiere CS5 视频特效的添加、删除和编辑的方法，同时对特效关键帧的使用进行了详细说明，并针对 Spherize（球形）、Replicate（重复）、4-Color Gradient（4 色渐变）、Horizontal Flip（水平翻转）、Mosaic（马赛克）等视频特效进行了学习。特效集锦《奇妙的动物》最终效果如图 6-1-1 所示。

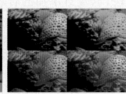

图 6-1-1 特效集锦《奇妙的动物》最终效果

6.1.2 相关知识

Premiere 提供了大量的视频特效，使得画面的表现力更加丰富。

1. 添加视频特效

Premiere 的视频特效在"Effects"（效果）面板中，如图 6-1-2 所示。可以为素材添加一个或多个视频特效。在添加视频特效时，可以单击"Video Effects"（视频特效）文件夹前面的折叠按钮，选择某个特效类型下的一种具体的视频特效，将其拖放到视频轨道中需要添加特效的素材上，此时"Effect Controls"（效果控制）面板中将出现该特效。图 6-1-3 所示为添加了"Brightness & Contrast"（亮度和对比度）特效后的"Effect Controls"（效果控制）面板。

图 6-1-2　视频特效

图 6-1-3　添加亮度和对比度特效

2.删除视频特效

在"Effect Controls"（效果控制）面板中删除视频特效，首先选中要删除的视频特效，再按 Delete 键进行删除。

3.复制和移动视频特效

在"Effect Controls"（效果控制）面板中，可以借助"Edit"（编辑）菜单中的"Copy"（复制）、"Paste"（粘贴）、"Cut"（剪切）命令，可以移动或复制已设置好的视频特效。

4.设置特效关键帧

在编辑特效时，在"Effect Controls"（效果控制）面板中展开视频特效，单击属性名称左边的秒表按钮，启动关键帧，系统自动在时间指针处添加了一个关键帧。拖动时间线指针到新的位置，修改属性参数，系统自动添加关键帧。

在"Effect Controls"（效果控制）面板中，选中已设置好的关键帧可以左右拖动改变在时间上的位置，按 Delete 键可以进行删除。

6.1.3　任务实施

1.新建项目、序列、导入素材

启动 Premiere CS5，新建项目"奇妙的动物"。在"New Sequence"（新建序列）对话框中，单击顶部的"General"（常规）标签，单击"Editing Mode"（编辑模式）右侧的下拉菜单按钮，选择"Desktop"。"Timebase"（时基）处选择"25Frame/Second"（25 帧/秒）。"Frame Size"（帧画面尺寸）设为"352×240"。"Pixel Aspect Ratio"（像素宽高比）设为"Square Pixels(1.0)"（方形像素）。"Fields"（场）设置为"No Fields"。单击"OK"按钮进入 Premiere CS5 的工作界面。

双击项目窗口的空白处，导入文件夹《奇妙的动物》内的全部素材。

2.时间线编辑素材

（1）将素材分别从项目窗口中拖到时间线上，如图 6-1-4 所示。

图 6-1-4 在时间线上排列素材

（2）制作球形变形从文字上划过的效果。在"Effects"（效果）面板中展开"Video Effects"（视频特效）文件夹，将"Distort"（扭曲）子文件夹下的"Spherize"（球形）特效拖到素材"标题. psd"上，如图 6-1-5 所示。将时间指针移到素材开始处，选中该素材，在"Effect Controls"（效果控制）面板中，展开 Spherize（球形）特效，能看到其属性参数。设置"Radius"（球形半径）为"34"，调整"Center of Spherize"（球的中心）的 y 轴坐标值，使其在垂直方向上的高度处于标题文字的中心上。调整其 x 轴的数值，使其在水平方向上位于标题文字的左边。

单击"Center of Spherize"（球的中心）左侧的秒表，启动关键帧，系统自动添加一个关键帧。将时间指针拖到标题文字素材结束的地方，拖拽 x 轴的数值，使得球心的位置处于文字的右边，此时系统会在结束位置自动添加关键帧，如图 6-1-6 所示。这样就制作了球形变形从文字左侧向右划过的效果。

图 6-1-5 球形特效

图 6-1-6 设置球形特效关键帧

（3）制作鱼平铺画面变色效果。展开"Video Effects"（视频特效）文件夹，将"Stylize"（风格化）子文件夹下的 Replicate（重复）特效拖到时间线"鱼 3. mpg"素材上。选中该素材，在"Effect Controls"（效果控制）面板中，设置"Count"（重复数量）为"2"。

再将"Render"（渲染）子文件夹下的"4-Color Gradient"（4 色渐变）特效拖到时间线"鱼 3. mpg"素材上。选中该素材，在"Effect Controls"（效果控制）面板中，设置参数"Blending Mode"（混合模式）为"Color"。参数及效果如图 6-1-7 所示。

（4）制作蜈蚣面对面效果。将"Video Effects"（视频特效）中"Transform"（变换）

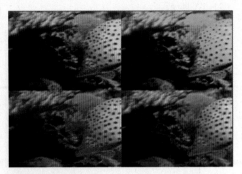

图 6-1-7　重复和 4 色渐变特效参数设置及效果

子文件夹下的 Crop（修剪）特效拖到时间线 Video2 "蜈蚣.mpg" 素材上。在 "Effect Controls"（效果控制）面板中单击该特效名称，则窗口中素材的四周出现控制柄，调整 4 个控制柄的位置，就可以对图像进行修剪，同时调整 "Motion"（运动）下的 "Positin"（位置）的参数，移动图像的位置，如图 6-1-8 所示。

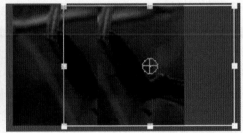

图 6-1-8　修剪特效效果

为 Video1 上的 "蜈蚣.mpg" 添加 "Video Effects" 中 "Transform" 子文件夹下的 Horizontal Flip（水平翻转）特效，在 "Effect Controls"（效果控制）面板中调整 "Motion"（运动）下的 "Position"（位置）的参数，移动图像的位置，如图 6-1-9 所示。于是两个轨道的素材相配合，制作出镜像对称的画面。

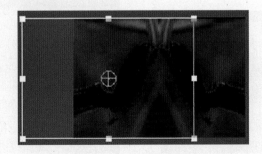

图 6-1-9　蜈蚣镜像效果

（5）制造蛇头部马赛克效果。展开"Video Effects"（视频特效），将"Stylize"（风格化）子文件夹下的 Mosaic（马赛克）特效拖到时间线 Video2"蛇舌分叉.mpg"素材上。选中该素材，在"Effect Controls"（效果控制）面板中，设置"Horizontal Blocks"（水平块数量）和"Vertical Blocks"（垂直块数量）均为10。这样整个画面呈现马赛克效果，如图6-1-10 所示。

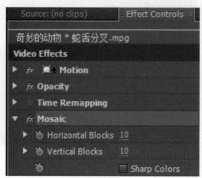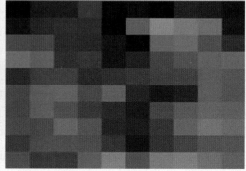

图 6-1-10　添加马赛克特效

根据要求只制作蛇头部的马赛克效果，可以使用 Crop（修剪）特效实现局部马赛克效果。但视频中蛇是移动的，马赛克区域需要随着头部进行移动，因此还需要对马赛克区域制作关键帧动画。将"Video Effects"（视频特效）中"Transform"（变换）子文件夹下的 Crop（修剪）特效拖到时间线 Video2"蛇舌分叉.mpg"素材上，在"Effect Controls"（效果控制）面板中，展开 Crop（修剪）特效，将时间指针移到该素材的左端，分别单击 Left、Top、Right、Bottom 左侧的秒表按钮，启动关键帧，单击 Crop（修剪）特效的名称，则窗口中素材的四周出现控制柄，调整 4 个控制柄的位置，使得舌头周围被马赛克区域覆盖，如图6-1-11 所示。拖动时间指针后移，当蛇的头部离开马赛克区域时，在节目窗口中拖动马赛克区域到新的蛇的头部区域，系统自动在指针处添加关键帧。随着指针不断后移，调整马赛克区域位置使其覆盖住蛇的头部。于是由两个轨道配合，为蛇的头部制作出运动的局部马赛克效果，如图6-1-12 所示。

图 6-1-11　修剪特效控制柄　　　　　图 6-1-12　局部马赛克效果设置

6.2　调色效果的应用——《青岛德式老建筑》调色效果

6.2.1　学习目标

本节主要讲解了 Premiere 的 Color Corection（色彩校正）类视频特效的功能和使用方法，能利用这些特效合理地处理素材的色彩，更好地烘托气氛。《青岛德式老建筑》调色最终效果如图 6-2-1 所示。

图 6-2-1　《青岛德式老建筑》调色最终效果

6.2.2　相关知识

色彩校正又称为调色，是对视频画面色彩和亮度等相关信息的调整，使其能够表现某种感觉或意境，或者对画面中的偏色进行校正，以满足制作商的需要。调色是视频处理中一个相当重要的环节，其结果甚至可以决定影片的画面基调。

Premiere 的调色效果存储在"Effects"（效果）面板中"Video Effects"（视频特效）的"Color Corection"（色彩校正）子文件夹下。虽然使用某些其他和色彩相关的效果也可以起到调色作用，但 Color Corection（色彩校正）下的多数调色效果是为专业的调色而设计的，如图 6-2-2 所示。

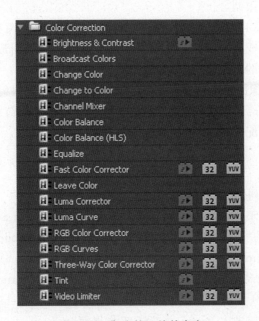

图 6-2-2　色彩校正特效内容

- Brightness & Contrast：调节整个素材片段的亮度和对比度。
- Broadcast Colors：将像素的色彩值转换为广播电视允许的范围。
- Change Color：对一个范围内的色彩进行色相、饱和度和亮度方面的调节。通过设置基色和宽容度，以设定色彩范围。
- Change to Color：将画面中所选的一种色彩替换为另一种色彩。此效果具有比 Change Color 效果更为复杂的选项设置。
- Channel Mixer：通过对当前色彩通道的混合，修改色彩通道。使用此效果可以创建出其他调色工具难以创建出来的创新性效果。
- Color Balance：改变素材片段中的红、绿、蓝 3 种色彩。每种色彩又被分为 Shadow(阴影)、Midtone(中间调)和 Highlight(高光)3 个区段。每个属性滑块处于中点表示没有改变源色彩；设置为-100 时，移除所有属性色彩；设置为＋100 时，加倍增强属性色彩。
- Color Balance(HLS)：改变素材画面的色相、亮度和对比度。
- Equalize：改变图像的像素值，以产生更加统一的亮度和色彩成分。
- Fast Color Corrector：对素材片段整个范围的色彩和亮度进行快速调整，使用此效果可以自动或手动控制白平衡、黑阶、灰阶和白阶。
- Leave Color：在素材画面中，除了与给定色彩相近的色彩外，其他色彩都将移除。
- Luma Corrector：通过数值控制主要调节素材片段的亮度。其中的曲线控制方法与在 Photoshop 和 After Effects 中基本相同。使用此效果可以对色调和色彩的范围进行限制。
- RGB Color Corrector：通过数值控制调节素材片段的色彩和亮度。使用此效果可以对色调和色彩的范围进行限制。
- RGB Curves：通过曲线控制主要调节素材片段的色彩。使用此效果可以对色调和色彩的范围进行限制。
- Three-Way Color Corrector：调节素材片段阴影、中间调和高光部分的色彩和亮度。可以分段调节或统一调节。此效果提供了数值控制和图形化控制的方式，使用此效果还可以对色彩的范围进行限制。
- Tint：改变图像的色彩信息，对其中的暗部和亮部分别映射为不同的色彩。
- Video Limiter：调节视频信号，将其限制在一个特定的范围之内。此效果经常会与其他调色效果搭配使用，用于在调色后修正溢出。

6.2.3 任务实施

1. 新建项目、序列、导入素材

启动 Premiere CS5，新建项目"青岛德式老建筑"，在"New Sequence"(新建序列)对话框中，单击顶部的"General"(常规)标签，单击"Editing Mode"(编辑模式)右侧的下拉按钮，选择"Desktop"。"Timebase"(时基)处选择"25Frame/Second"(25 帧/秒)。"Frame Size"(帧画面尺寸)设为"720×576"。"Pixel Aspect Ratio"(像素宽高比)设为"Square Pixels(1.0)"(方形像素)。"Fields"(场)设置为"No Fields"，序列命名为"德式建筑"。单击"OK"按钮进入 Premiere CS5 工作界面。

双击项目窗口空白处导入全部素材。

2. 在时间线上编辑素材

（1）在项目窗口中选中所有素材，将其拖到时间线上，如图 6-2-3 所示。

图 6-2-3　时间线排列素材

（2）为"建筑 1. mpg"制作黑白效果。在"Effects"（效果）面板中，将"Video Effects"（视频特效）的"Color Corection"（色彩校正）子文件夹下的 Color Balance (HLS)（基于色相饱和度的色彩平衡）特效拖到时间线的"建筑 1.mpg"素材上。选中该素材，在"Effect Controls"（效果控制）面板中展开该特效，将"Saturation"（饱和度）设为"-100"，如图 6-2-4 所示。

图 6-2-4　基于色相饱和度的色彩视频特效

（3）为"建筑 2.mpg"提亮调色。在"Effects"（效果）面板中，将"Video Effects"（视频特效）的"Color Corection"（色彩校正）子文件夹下的 RGB Curves(RGB 曲线)视频特效拖到时间线的"建筑 2.mpg"素材上。选中该素材，在"Effect Controls"（效果控制）面板中展开该特效，在 Master 曲线上单击 2 次，增加 2 个点，分别拖动这两个点调整 Master 曲线，如图 6-2-5 所示。

（4）为"建筑 3.mpg"调亮度对比度。在"Effects"（效果）面板中，将"Video Effects"（视频特效）的"Color Corection"（色彩校正）子文件夹下的 Brightness & Contrast(亮度对比度)视频特效拖到时间线的"建筑 3.mpg"素材上。选中该素材，在"Effect Controls"（效果控制）面板中展开该特效，设"Brightness"的数值为"5"，"Contrast"的数值为"15"，如图 6-2-6 所示。

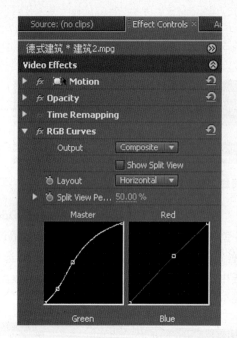

图 6-2-5 RGB 曲线视频特效

图 6-2-6 亮度对比度视频特效

（5）为"建筑 4. mpg"制作夜景效果。在"Effects"（效果）面板中，将"Video Effects"（视频特效）的"Color Corection"（色彩校正）子文件夹下的 Fast Color Corrector（快速颜色调整）视频特效拖到时间线的"建筑 4. mpg"素材上。选中该素材，在"Effect Controls"（效果控制）面板中展开该特效，设置相应参数，如图 6-2-7 所示。

（6）为"建筑 5.mpg"制作黄昏效果。在"Effects"（效果）面板中，将"Video Effects"（视频特效）的"Color Corection"（色彩校正）子文件夹下的 Color Balance（色彩平衡）视频特效拖到时间线的"建筑 5.mpg"素材上。选中该素材，在"Effect Controls"（效果控制）面板中展开该特效，设"Shadow Blue Balance"（暗部蓝色平衡）的数值为"-36"，"Midtone Red Balance"（中间调红色平衡）为"49"，"Midtone Green Balance"（中间部绿色平衡）为"-21"。"Brightness"的数值为"6"，"Contrast"的数值为 16，如图 6-2-8 所示。

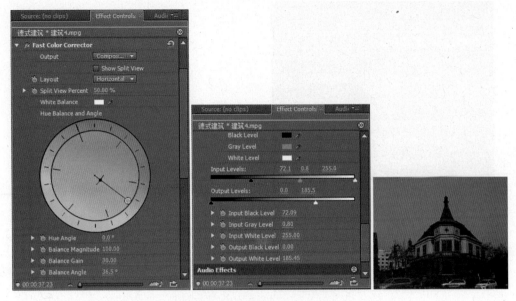

图 6-2-7　快速颜色调整视频特效

图 6-2-8　色彩平衡视频特效

（7）为"建筑 6．mpg"增加亮度。在"Effects"（效果）面板中，将"Video Effects"（视频特效）的"Color Corection"（色彩校正）子文件夹下的 Luma Corrector（亮度调整）视频特效拖到时间线的"建筑 5．mpg"素材上。选中该素材，在"Effect Controls"（效果控制）面板中展开该特效，在亮度曲线上单击 2 次，增加 2 个点，分别拖动这两个点调整曲线，如图 6-2-9 所示。

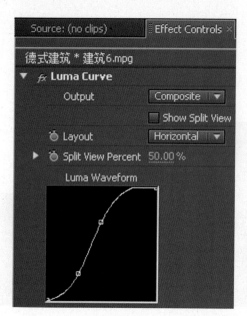

图 6-2-9　亮度调整视频特效

（8）为"建筑 7.mpg"制作阳光明媚效果。在"Effects"（效果）面板中，将"Video Effects"（视频特效）的"Color Corection"（色彩校正）子文件夹下的 Channel Mixer（通道混合）视频特效拖到时间线的"建筑 7.mpg"素材上。选中该素材，在"Effect Controls"（效果控制）面板中展开该特效，设"Red-Red"为"132"，设"Red-Green"为"-63"，"Red-Blue"为"51"，"Blue-Blue"为"90"，如图 6-2-10 所示。

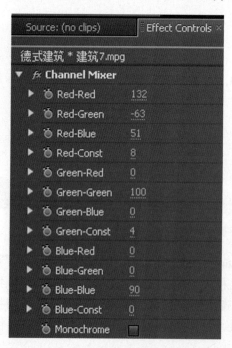

图 6-2-10　通道混合视频特效

（9）为"建筑 8.mpg"制作改变色调效果。在"Effects"（效果）面板中，将"Video

Effects"（视频特效）的"Color Corection"（色彩校正）子文件夹下的 Tint（色调）视频特效拖到时间线的"建筑 8. mpg"素材上。选中该素材，在"Effect Controls"（效果控制）面板中展开该特效，用"Map Black To"右侧的吸管到图像上吸取一种颜色作为图像黑色部分的颜色，用"Map White To"右侧的吸管到图像上吸取另一种颜色作为图像白色部分的颜色，这样图像的亮部、暗部分别映射为指定的颜色，改变了图像的色调，如图6-2-11所示。

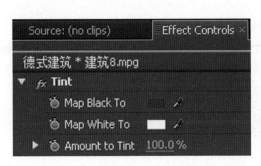

图 6-2-11　色调视频特效

6.3　抠像与蒙版效果的应用——《工作与休闲》

6.3.1　学习目标

本节主要讲解了 Premiere 的 Keying（抠像键）类视频特效的功能和使用方法，能利用这些抠像和蒙版合成技术完成复杂画面的制作。通过 Color Key（颜色键）、Luma Key（亮度键）、翻转速度和序列嵌套等制作技术，实现案例的制作。《工作与休闲》最终效果如图 6-3-1 所示。

图 6-3-1　《工作与休闲》最终效果

6.3.2 相关知识

Keying(抠像键)类视频特效可以创建各种抠像层和背景层叠加的效果,从而实现一种在现实中不能放在一起的混合效果。

在"Effects"(效果)面板的"Video Effects"文件夹中,"Keying"子文件夹中的特效都是有关抠像和蒙版的特效,不同的抠像方式用于不同的素材。要实现一个较完美的抠像效果,可以使用多种抠像特效。

1. Alpha Adjust(Alpha 调整)视频特效

这种键可以控制素材的 Alpha 通道,可以选择"Ignore Alpha"忽略素材的 Alpha 通道,也可以选择"Reverse Key"选项反转 Alpha 通道。

2. Blue Screen(蓝屏键)视频特效

Blue Screen(蓝屏键)用在纯蓝色为背景的画面上,添加该特效后,屏幕上的纯蓝色变得透明。其"Effect Controls"(效果控制)面板如图 6-3-2 所示。

3. Chroma Key(色度键)视频特效

Chroma Key(色度键)允许在素材中选择一种颜色或一个颜色范围,并使之透明,这是常用的键出方式。在素材片段上添加 Chroma Key(色度键)视频特效后,其"Effect Controls"(效果控制)面板如图 6-3-3 所示。图 6-3-4 所示为该特效的应用效果。

图 6-3-2　蓝屏键效果控制面板　　　　图 6-3-3　色度键效果控制面板

图 6-3-4　色度键特效应用

- Color:键出颜色。选择吸管工具,在素材窗口中单击需要抠除的颜色即可。
- Similarity:调整参数可控制与键出颜色的容差度。Similarity 的值越大,与指定颜色相近的颜色被透明的越多;反之,则越少。
- Blend:调节透明与非透明边界色彩混合度。
- Threshold:调整图像阴暗部分的量。
- Cutoff:是用纯度键调节暗部细节。
- Smoothing:可以为素材变换的部分建立柔和的边缘。
- Mask Only 可以在素材的透明部分产生一个黑白或灰度的 Alpha 蒙版。

抠像后可能在边缘有一些细微的遗留颜色不能清除干净。可以再用 Remove Matte 视频特效,然后在"Matte Type"下拉列表中选择清除的颜色。如果边缘遗留颜色较深,选择"Black",反之选择"White"。‘Remove Matte 特效对黑色背景产生的遮罩 Alpha 通道的对象、以白色背景产生的遮罩 Alpha 通道的对象的边缘遗留颜色同样有清除作用。

4. Color Key(颜色键)视频特效

Color Key(颜色键)与 Chroma(色度键)比较相似,也可以抠除选择的颜色范围,其参数"Key Color"是选择要抠除的颜色,"Color Tolerance"设置颜色的容差值;"Edge Thin"调整抠除的边缘大小;"Edge Feather"调整抠除边缘的羽化状态。其"Effect Controls"(效果控制)面板如图 6-3-5 所示。

5. Difference Matte(差值蒙版键)视频特效

Difference Matte 通过一个对比蒙版与抠像对象进行比较,然后将抠像对象中位置和颜色与对比蒙版中相同的像素抠除掉。在无法使用纯色背景抠像的大场景拍摄中,这是一个非常有用的抠像效果。

6. Eight-Point Garbage Matte(八点蒙版扫除)视频特效

Eight-Point Garbage Matte(八点蒙版扫除)与后面的 Four-Point Garbage Matte(四点蒙版扫除)、Sixteen-Point Garbage Matte(十六点蒙版扫除)视频特效都属于同一类型,在图像的叠加过程中可能会出现不需要的内容,这时可以创建一个 Garbage(垃圾蒙版)来去除它们。蒙版扫除可以设置 8 个点、4 个点和 16 个点来扫除不需要的内容。如图 6-3-6 所示的是 Eight-Point Garbage Matte(八点蒙版扫除)视频特效。

图 6-3-5　颜色键效果控制面板

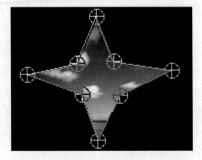

图 6-3-6　八点蒙版扫除视频特效

7. Image Matte Key(图像蒙版键)视频特效

Image Matte Key(图像蒙版键)视频特效经常用来创建静帧图像和图形的透明效果。

8. Luma Key(亮度键)视频特效

Luma Key(亮度键)视频特效可以在抠除图像的灰度值的同时保持它的色彩值。通过它的参数"Threshold"和"Cutoff"控制要附加的灰度值,并调节这些灰度值的亮度,其效果控制面板如图 6-3-7 所示。

9. Green Screen(绿屏)视频特效

Green Screen(绿屏)视频特效用在纯绿色为背景的画面上,添加该特效后,屏幕上的纯绿色变得透明。

10. Difference Matte Key(差异蒙版键)视频特效

Difference Matte Key(差异蒙版键)视频特效可以通过对比指定的静止图像或素材片段,除去素材中与静态图像相对应的部分区域,保留不同的部分。

11. Track Matte Key(轨道蒙版键)视频特效

Track Matte Key(轨道蒙版键)视频特效可以通过使用一个素材作为蒙版,以便在合成素材上创建透明区域,从而显示部分背景素材。这种蒙版效果需要两个素材片段和一个轨道上的素材片段作为蒙版。蒙版中白色区域决定合成中的不透明区域,蒙版中的黑色区域决定合成图像的透明区域,而蒙版中的灰色区域决定合成图像的半透明区域。

一个蒙版如果包含了动画,则称为动态蒙版。其"Effect Controls"(效果控制)面板如图 6-3-8 所示。

图 6-3-7　亮度键效果控制面板

图 6-3-8　动态蒙版效果控制面板

· Matte:设置欲作为蒙版的素材所在的轨道。

· Composite Using:选择蒙版的具体来源。选择 Matte Alpha,使用蒙版图像的 Alpha 通道作为合成素材的蒙版;而选择 Matte Luma,则使用蒙版图像的亮度信息作为合成素材的蒙版。

12. 分析和解释素材

有时导入的素材与序列的规格不一致时,素材就会产生变形。这就需要对素材重新进行解释。在项目窗口中,右击需要解释的素材,在弹出的菜单中选择菜单命令"Modify(修改)→Interprer Footage(解释素材)"命令,弹出"Modify Clip"(修改素材片段)对话框,在"Interprer Footage"(解释素材)标签下,可对"Frame Rate"(帧速率)、"Pixel Aspect Radio"(像素宽高比)、"Field Order"(场顺序)和"Alpha Channel"(Alpha 通道)进行设置,如图 6-3-9 所示。

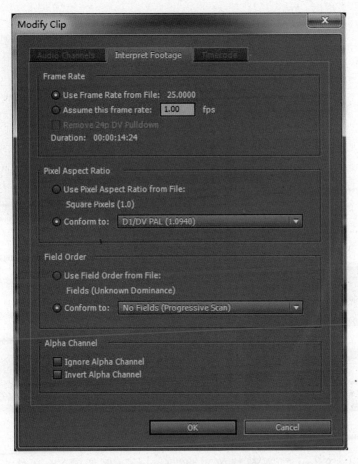

图 6-3-9　修改素材片段对话框

6.3.3　任务实施

1. 新建项目、序列、导入素材

启动 Premiere CS5,新建项目"抠像与蒙版",弹出"New Sequence"(新建序列)对话框,单击左侧的 DV-PAL 下的 Standard 48kHz。序列名称为"工作",单击"OK"按钮。双击项目窗口空白处导入全部素材。在导入舞台背景的序列素材时,一定要在对话框中勾选 ☑ Numbered Stills 。

2. 在时间线上编辑素材

(1) 将舞台背景素材拖到 Video1 上,将素材"人物.wmv"拖到 Video2 上。这时会发现人物素材左右闪出黑边来。在项目窗口查看可以发现,虽然素材的大小都是 720×576 像素,但人物的像素宽高比是 1.0,而序列的像素宽高比是 1.0940,因此图像出现变形。需要对素材进行解释。右击人物素材,在弹出的菜单中选择"Modify(修改)→Interprer Footage(解释素材)"命令,弹出"Modify Clip"(修改素材片段)对话框,在"Pixel Aspect Radio"(像素宽高比)栏中设置"Conform to"为"D1/DV PAL(1.0940)",如图 6-3-10 所示。变形的素材就显示正常了。在时间线上将舞台背景素材的出点向左移动到人物素材的出点处。

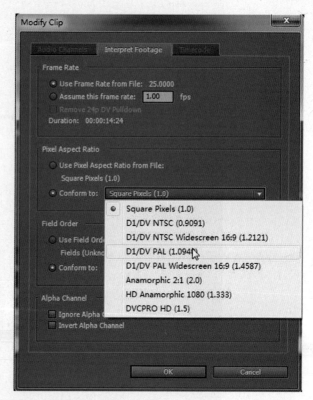

图 6-3-10　解释素材设置

展开"Video Effects"（视频特效），将"Keying"（抠像键）子文件夹下的 Coloe Key（颜色键）视频特效拖到人物素材上。在"Effect Controls"（效果控制）面板中，首先用"Key Color"右侧的吸管在节目窗口的素材上吸取背景蓝色，调整"Color Tolerance"的数值为"80"，去掉蓝色背景；设置"Edge Thin"（边缘大小）为"1"，设置"Edge Feather"（边缘羽化）为"2"。其"Effect Controls"（效果控制）面板和效果如图 6-3-11 所示。

图 6-3-11　颜色键视频特效设置

右击人物素材，在弹出菜单中选择"Speed→Duration"命令，弹出"Clip Speed/Duration"（速度/持续时间）对话框，勾选"Reverse Speed"，制作人物素材倒放的效果，如图6-3-12所示。

图 6-3-12　速度/持续时间设置

（2）新建序列，在"New Sequence"（新建序列）对话框中，单击左侧的 DV-PAL 下的 Standard 48kHz，命名为"休闲"。将素材"风景.jpg"、"吊网.mov"、"人物.wmv"拖到时间线的 Video1～Video3。隐蔽 Video3 的轨道显示，显示出吊网素材。展开"Video Effects"（视频特效），将"Keying"（抠像键）子文件夹下的"Luma Key"（亮度）视频特效拖到吊网素材上。在"Effect Controls"（效果控制）面板中，首先用"Color"右侧的吸管在节目窗口的素材上吸取背景黑色，去掉黑色背景。恢复 Video3 的轨道显示。

将"Keying"（抠像键）子文件夹下的 Color Key（颜色键）视频特效拖到人物素材上。在"Effect Controls"（效果控制）面板中，用"Key Color"右侧的吸管在节目窗口的素材上吸取背景蓝色，调整"Color Tolerance"的数值为"80"，去掉蓝色背景；设置"Edge Thin"（边缘大小）为"1"，设置"Edge Feather"（边缘羽化）为"2"。其"Effect Controls"（效果控制）面板和效果如图 6-3-13 所示，时间线如图 6-3-14 所示。

图 6-3-13　颜色键视频特效

（3）新建序列，在"New Sequence"（新建序列）对话框中，单击左侧的 DV-PAL 下

6　视频特效的应用

141

的 Standard 48kHz,命名为"最终效果"。将序列"休闲"、"工作"拖到时间线的 Video1、Video2 上,再将素材"TrackMatte.mov"拖到 Video3 上。

选择菜单命令"File→New→Coloe Matte",新建一个色板,设置颜色为白色。将该素材拖到 Video3 上,如图 6-3-15 所示。

图 6-3-14 "休闲"时间线素材排列　　　　图 6-3-15 "最终效果"时间线素材排列

(4) 将"Keying"(抠像键)子文件夹下的"Track Matte Key"(轨道蒙版键)视频特效拖到 Video2 上的序列"工作"上。在"Effect Controls"(效果控制)面板中,在"Matte"右侧指定欲作为蒙版的素材所在的轨道为"Video3"。在"Composite Using"右侧选择蒙版的具体来源为"Matte Luma",使用蒙版图像的亮度信息作为合成素材的蒙版,其"Effect Controls"(效果控制)面板及时间线如图 6-3-16 所示。这样就制作了一个由笔刷刷动的黑白信息素材控制、从"休闲"的画面逐步过渡到"工作"的画面,如图6-3-17所示。

图 6-3-16 轨道蒙版键效果控制面板及时间线

图 6-3-17 最终效果

6.4 其他常见视频特效

6.4.1 学习目标

本节主要讲解了 Premiere 的一些常见视频特效的功能,便于读者根据需要进行选择。

6.4.2 相关知识

Premiere 内置了多种类型的视频特效,分类存放在 16 个文件夹下,下面主要介绍常见的一些视频特效。

1. Adjust(调整)特效

Adjust(调整)效果主要是一些色彩和亮度调节方面的效果。

(1) Auto Color(自动颜色)、Auto Contrast(自动对比)、Auto Level(自动色阶)。这三个视频特效是为了快速修正视频剪辑的颜色(亮度、对比度),并且可以对剪辑的中间色调、阴影区域和高光区域进行调整,它们都提供 5 个参数可分别进行微调,自动颜色特效还可以调整捕捉中间色调(Snap Neutral Midtones)。

(2) Convolution Kernel(卷积核)。利用数学上的卷积原理来改变剪辑的亮度值,提高清晰度强化边缘。

(3) Extract(提取)。从剪辑中删除颜色创建黑白效果,在效果对话框中,可以修改 Black Input Level 和 White Input Level,可以改变作用的区域;Softness 的值越大,效果越柔和;选中"Invert",可以使图像反相,如图 6-4-1 所示。

(4) Levels(色阶)。操作素材的亮度和对比度,它整合了 Color Balance、Gamma Correction、Brightness & Contrast 和 Invert 的基本功能。在效果控制面板中显示当前帧的色阶直方图。x 轴代表亮度,从左至右表示从暗到亮;y 轴表示此亮度值的像素数,如图 6-4-2 所示。

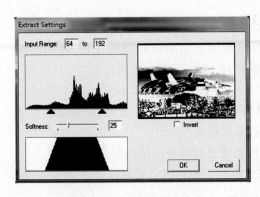

图 6-4-1　提取特效设置

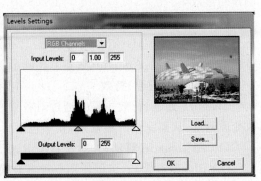

图 6-4-2　色阶特效设置

(5) Lighting Effects(光照效果)。至多 5 盏灯对素材施加灯光效果,此效果可以控制灯的几乎所有属性,以达到仿真效果。光源有 Omni(全光源)、Spotlight(点光源)和 Directional(平行光源)三种,可以分别调整光源颜色、大小、角度和密度。还可以通过更改 Bump Layer 应用纹理效果。

(6) ProcAmp(调色)。分别调节素材的亮度、对比度、色相和饱和度，而且还可以分屏进行效果对比。

(7) Shadow/Highlight(阴影/高光)。对图像中的阴影区域进行提亮，并对高光区域进行减暗。这个效果不是对画面的全局进行调整，而是分别调整其阴影和高光区域，使画面更富有层次感。

2. Blur & Sharpen(模糊与锐化)特效

Blur&Sharpen(模糊与锐化)特效包含了各种方式进行模糊和锐化的效果，可以通过设置得到所需的效果，包括 10 种不同的效果。

(1) Antialias(消除锯齿)。混合具有对比颜色的边缘减少锯齿线条，创建平滑的边缘。

(2) Camera Blur(摄像机模糊)。制作摄像机脱焦效果(聚焦不实)，通过调整 Blur 滑块，控制特效的应用深度。

(3) Channel Blur(通道模糊)。可以分别改变 RGB 通道和 Alpha 通道来模糊剪辑，方向选择有三个选项：Horizontal And Vertical(水平和垂直)，Horizontal(水平)和 Vertical(垂直)。当选择 Repeat Edges Pixels(重复边缘像素)时，剪辑周围不会被模糊。

(4) Compound Blur(混合模糊)。基于亮度值模糊图像，给剪辑带来污点的效果。可以基于 Blur Layer(模糊层)来创建模糊效果，制作图层混合模糊。

(5) Directional Blur(径向模糊)。在指定方向上制作运动模糊效果，可以指定方向和模糊深度。

(6) Fast Blur(快速模糊)。快速视线模糊效果，方向选择有三个选项：Horizontal And Vertical(水平和垂直)，Horizontal(水平)和 Vertical(垂直)。当选择 Repeat Edges Pixels(重复边缘像素)时，剪辑周围不会被模糊。

(7) Gaussian Blur(高斯模糊)。跟快速模糊类似，使用了高斯曲线，减少信号干扰。

(8) Ghosting(幻影)。将运动变化前面的帧图像重叠在当前帧上，显示运动轨迹，制作幻影效果。

(9) Sharpen(锐化)。通过设置锐化的深度，提高图像锐度。

(10) Unsharp Mask(非锐化蒙版)。通过增加颜色之间的锐化程度，提高画面细节。有三个控制量：Amount(数量)、Radius(半径)和 Threshold(阀值)。

3. Channel(通道)特效

Channel(通道)特效主要是通过对各个通道中的信息分别进行处理，或通过设置来改变原通道，从而完成一些效果，其中包括 7 种不同效果。

(1) Arithmetic(算法)。对素材的 R、G、B 通道运行各种简单的数学运算。

(2) Blend(混合)。可以使用 5 种混合模式中的 1 种对两个素材片段进行混合，但作为混合层的视频素材要隐藏其画面，使其不可见。

(3) Calculations(计算器)。将一个素材的通道与另一个素材的通道进行混合。

(4) Compound Arithmetic(复合算法)。通过运算，将一个层和另一个层进行合并，但使用此效果不如直接设置层的混合模式更为有效。

(5) Invert(翻转)。将图像中的色彩信息进行翻转。

（6）Set Matte（设置蒙版）。将一个素材中的 Alpha 通道替换为另一个视频轨道中的素材的一个通道，可以创建运动蒙版效果。

设置蒙版是合成剪辑时创建轨道蒙版，可以选择作为蒙版的轨道和使用的通道，如图 6-4-3 所示是使用字幕作为蒙版制作出来的效果。

（7）Solid Composite（纯色合成）。提供了一种快捷方式，使用源素材片段与其后面的固态色彩进行合成。可以调节二者的不透明度，并设置混合模式。

4. Distort（扭曲）特效

Distort（扭曲）类特效通过旋转、挤压或者膨胀使剪辑发生变形，其中包括 11 种不同的效果。

（1）Bend（弯曲）。通过波纹运动的方式，产生扭曲变形的动画效果，使用此效果可以产生不同波形和运动速率的波纹。

（2）Corner Pin（角钉）。通过改变画面四个角的位置来制作变形，如图 6-4-4 所示。使用此特效可以对画面进行伸展、收缩、倾斜或扭曲等变化效果。

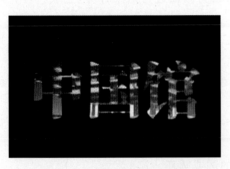

图 6-4-3　设置蒙版视频特效

图 6-4-4　角钉视频特效

（3）Lens Distortion（镜头扭曲）。模拟镜头产生的变形效果，可以产生通过透镜看物体的感觉。

（4）Magnify（放大）。可以放大素材片段中的一个所选区域，好像一个放大镜放置在画面上。

（5）Mirror（镜像）。将画面沿着一条线进行分割，并将其中的一面映射到另一面，以模拟镜子的效果。

（6）Offset（偏移）。对素材画面进行偏移，推出画面的视频素材部分会从相反的一面进入画面，如图 6-4-5 所示。

（7）Spherize（球面化）。对素材片段施加一个球面化效果，可以产生三维透视的效果。

（8）Transform（变形）。对素材片段施加一个二维几何变化，与素材片段的固定效果中相应的内容基本是一样的。

（9）Turbulent（湍流置换）。使用噪波为素材画面创建飘动的效果。使用此效果可以模拟流动的水或飘动的旗子等效果。

（10）Twirl（漩涡）。使画面从中心进行漩涡式旋转，越靠近中心旋转得越剧烈，类似漩涡的效果，如图 6-4-6 所示。

图 6-4-5　偏移视频特效　　　　　　　　图 6-4-6　漩涡视频特效

（11）Wave Wrap（波浪弯曲）。创建类似于水波流过素材画面的外观效果，可以选择不同的波形形状。

5. Generate（生成）视频特效

Generate（生成）视频特效主要是通过对素材画面进行渲染计算，生成一些特殊的效果，包括 12 种不同的效果。

（1）4 Color Gradient（4 色渐变）。产生 4 色渐变效果，每种色彩由独立的效果点进行控制，并施加给动画。

（2）Cell Patten（细胞图案）。通过计算生成格子状的图案。使用此效果可以创建静态或动态的背景纹理或图案。

（3）Checkerboard（棋盘格）。创建一个棋盘格的图案，使用此效果可以创建背景纹理或图案。

（4）Circle（圆）。可以创建一个自定义的圆或圆环。

（5）Ellipse（椭圆）。按照在效果控制面板中设置的尺寸，绘制一个椭圆。还可以为椭圆设置边缘厚度、柔化和色彩。

（6）Eyedropper Fill（吸管填充）。将采样色彩填充到源素材中。

（7）Grid（网格）。可以创建一个自定义的网格，还可以设置其混合模式。

（8）Lens Flare（镜头光晕）。可以模拟镜头入射光，产生镜头光晕的效果。

（9）Lightning（闪电）。可以在两个设置点之间产生持续动态闪电效果，此动态效果无需关键帧。

（10）Paint Bucket（油漆桶）。为素材片段选中的区域填充固态颜色。

（11）Ramp（渐变）。生成一个色彩渐变，并可以控制其与源素材画面进行混合。

（12）Write-on（书写）。对素材画面中的画笔施加动画，模拟书写效果，并可以设置画笔的尺寸、色彩、硬度和不透明度。

6. Image Control（图像控制）视频特效

Image Control（图像控制）视频特效主要是通过对图像色彩等相关信息的控制，实现所需效果。

（1）Black ＆ White（黑白）。将素材的彩色画面转换成黑白图像。

（2）Color Balance（RGB）（RGB 色彩平衡）。通过增加或者减少颜色中的 RGB 分量调整图像颜色。

（3）Color Pass（颜色通过）。通过计算特定的色彩，将彩色素材画面中除某种特定色彩之外的部分转换为灰阶图。在效果设置对话框中可以一边设置色彩和变化量,一边对比施加效果前后的画面,如图 6-4-7 所示。

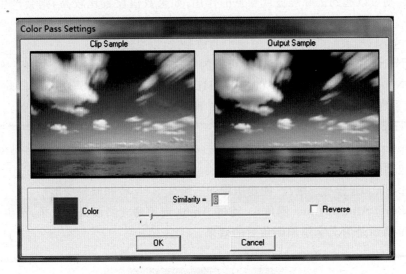

图 6-4-7　颜色通过效果设置

　　(4) Color Replace(色彩替换)。将某种选定的色彩替换为一种新的色彩,可以控制其程度,并且保持原有灰阶水平。在效果设置对话框中可以一边设置色彩和变化程度,一边对比施加效果前后的画面,如图 6-4-8 所示。

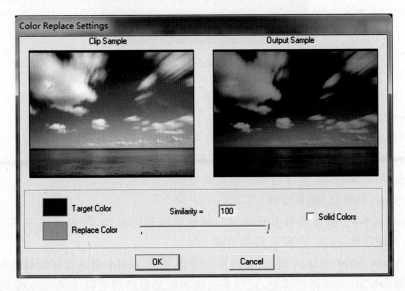

图 6-4-8　色彩替换效果设置

　　(5) Gamma Correction(Gamma 校正)。通过改变中间色调的亮度,对素材画面进行加亮或减暗,此效果不影响画面的阴影和高光区域。

7. Noise & Grain(噪波和噪点)视频特效

　　(1) Dust & Scratches(灰尘和噪波)。通过改变与周围不相近的像素的方式减少噪点。

（2）Median（中间值）。将每一个像素替换为相邻像素的平均值。如果半径数值设置比较低，则可以起到去除噪波或噪点的作用；如果数值设置比较高，则会产生一种绘画的效果。

（3）Noise（噪波）。任意改变图像中的像素值，以生成噪波。

（4）Noise Alpha（Alpha 噪波）。可以为素材画面的 Alpha 通道添加统一的噪点。

（5）Noise HLS（HLS 噪波）和 Noise HLS Auto（自动 HLS 噪波）。Noise HLS 效果可以在素材片段中产生静态噪点；Noise HLS Auto 会自动创建动态噪点。

8. Perspective（透视）视频特效

Perspective（透视）视频特效主要是通过在三维空间中运算、生成和透视相关的一些效果，包括 5 种不同的效果。

（1）Basic 3D（基本三维）。创建图像的三维变形（反转和倾斜变形）。

（2）Bevel Alpha（Alpha 倒角）。通过 Alpha 通道建立斜面倒角效果，产生立体感，如图 6-4-9 所示是为文字添加倒角后的效果。

图 6-4-9　Alpha 倒角视频特效

（3）Bevel Edges（边缘倾斜）。为图像添加斜面，并增加光照，赋予图像三维效果，效果比 Bevel Alpha 更明显。

（4）Drop Shadow（投影）。在素材的后方添加一个投影。

（5）Radial Shadow（放射状投影）。以素材上方的一个点光源为素材片段创建投影，而不像 Drop Shadow 那样创建平行光的投影。

9. Stylize（风格化）视频特效

Stylize（风格化）视频特效主要通过对素材画面进行处理，模拟一些艺术手法来创造独特的视频效果，包括 13 种不同的效果。

（1）Alpha Glow（Alpha 辉光）。可在一个遮罩的 Alpha 通道边缘添加色彩。

（2）Brush Stroke（画笔描边）。对素材画面施加粗糙的笔刷绘画的外观，可以自由设置画笔的长度和宽度。

（3）Color Emboss（彩色浮雕）。对素材画面中的物体边缘进行锐化，但并不抑制画面的原始色彩。

（4）Emboss（浮雕）。对素材画面中的物体边缘进行锐化，且抑制画面的原始色彩。

（5）Find Edges（查找边缘）。定义素材画面中明显的区域边界，并以暗色的线条进行强调。

（6）Massic（马赛克）。使用固态色彩的长方形对素材画面进行填充，生成马赛克效果。

（7）Posterize（海报）。为图像中的每个通道设置色调或亮度值级别数，并将图像中的像素映射到最接近的级别中。

（8）Replicate（复制）。将屏幕分成多个小块，并在每块中显示整个画面内容。

（9）Roughen Edges（边缘粗糙）。使用计算的方法，将素材片段的 Alpha 通道的边缘进行粗糙化处理。

（10）Solarize（曝光）。在正相和反相画面之间产生混合。

（11）Stroke Light（闪光灯）。在素材片段上，运行一个周期性操作，以产生频繁闪光的效果。

（12）Texturize（纹理化）。对一个素材片段赋予包含另一个素材片段纹理的外观，还可以控制纹理的深度。

（13）Threshold（阈值）。将灰阶或彩色图转换为高对比度的黑、白图。设置一个作为阈值的特定级别，所有亮于此级别的图像被转换为白色；反之，则被转换为黑色。

10. Time（时间）视频特效

Time（时间）视频特效主要是从时间轴的角度对素材进行处理，生成某种特殊效果，包括 2 种不同的效果。

（1）Echo（回声）。将素材片段中不同时刻的帧进行混合，以产生类似拖影的效果。当添加了回声特效，之前为素材添加的其他特效将被忽略。

（2）Posterize Time（招贴画时间）。将视频素材锁定为特定的帧速率。当添加了招贴画时间特效，之前为素材添加的其他特效将被忽略。

11. Transform（变换）视频特效

Transform（变换）视频特效主要是通过对素材画面处理，生成某种变形效果，包括 7 种不同的特效。

（1）Camera View（摄像机视角）。以摄像机的视角，通过在三维空间中变化摄像机的属性，对素材画面进行变换。在效果设置对话框中可以设置摄像机的各个属性，并预览输出结果。

（2）Crop（剪裁）。成行地除去素材边缘的像素，并相应地更改其 Alpha 通道。

（3）Edge Feather（边缘羽化）。通过在素材画面周边创建柔化的黑色边缘，对素材画面进行羽化。

（4）Horizontal Flip（水平翻转）和 Vertical Flip（垂直翻转）。这两个视频特效将画面左右或上下翻转 180°，如同镜面的反向效果。画面翻滚后仍然维持正顺序播放。

（5）Horizontal Hold（水平同步）和 Vertical Hold（垂直同步）。这两个视频特效可以将画面调整为倾斜的画面，利用滑块调整可使画面向左右或上下倾斜。它是一个随时间变化的视频滤镜效果，因此可以设定其开始画面为倾斜式，而在结束画面设置为正常。在某些电影特技中可能用到它。

12. Transition（转场）视频特效

Transition（转场）视频特效至少需要两个轨道对素材片段的转场部分进行叠加，可以通过设置关键帧的形式为素材片段添加转场，包括 5 种不同的效果。

（1）Block Dissolve（块状溶解）。是素材片段以自定义的形式消失，块的宽和高可以单独设置。

（2）Gradient Wipe（渐变擦除）。使用另一轨道中对应像素的亮度值来确定素材片段中变为透明的部分。

（3）Linear Wipe（线性擦除）。在设置的角度上为素材片段生成简单的线性擦除。

（4）Radial Wipe（放射状擦除）。围绕一个设置的点进行转圈擦除，以显示下方的素材片段。

（5）Venetian Blinds（百叶窗）。使用设置好方向和宽度的线条显示下方的素材片段。

13. Utility（实用）视频特效

Utility（实用）类视频特效只有一种视频特效 Cineon Converter（电影转换）。它为电影中经常用到的 Cineon 文件格式的素材帧提供了高程度控制，进行色彩转换。

14. Video（视频）视频特效

Video（视频）视频特效能针对不同的视频设备对素材进行调整。它只有一种特效 Timecode（时间码），可在视频上叠加一个时间码显示，以精确指示当前时间。

本章小结

本章首先讲解了 Premiere 视频特效的添加、删除和编辑的方法，同时对特效关键帧的使用进行了详细说明，其次针对影视制作中比较重要的调色和抠像蒙版技术进行了重点讲解。通过不同实例的练习，加深了对知识的理解。由于视频特效种类繁多，最后对 Premiere 提供的其他视频特效的功能进行了概括性的介绍。供读者根据需要合理地选择视频特效。

课后练习

1. 利用提供的素材和抠像技术，完成《他山之石》的合成制作，如练习图所示。

练习图　素材及合成结果

2. 利用提供的《青岛德式老建筑》的其他素材，完成其画面的调色工作，完整地制作视频短片。要求配上音乐和转场效果，画面跟随音乐的节奏而变换。

字幕的设计

7.1 创建和编辑字幕——《2010 世博展馆》字幕制作

7.1.1 学习目标

本节主要讲解利用 Premiere 的字幕工具制作静态字幕、滚动字幕的方法，通过设置字幕的不同参数制作各种风格的字幕。还讲解了利用字幕样式迅速实现字幕修饰的方法。《2010 世博展馆》字幕制作最终效果如图 7-1-1 所示。

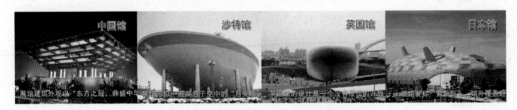

图 7-1-1　《2010 世博展馆》字幕制作最终效果

7.1.2 相关知识

1. 新建字幕

（1）按键盘上的快捷键 Ctrl＋T。

（2）单击"Project"（项目）面板底部的"New Item"（新建）按钮，在下拉菜单中选择"Title"（字幕）命令。

（3）单击菜单命令"File（文件）→New（新建）→Title（字幕）"。

（4）单击菜单命令"Title（字幕）→New Title（新建字幕）→Default Still（默认静态字幕）"。

在选择字幕命令后，弹出一个对话框，输入字幕名称后，单击"OK"按钮打开字幕面板。

2. 字幕面板

字幕面板的构成如图 7-1-2 所示。

（1）工具栏。

工具栏　　　　　　　字符主面板　　　　　　　　属性面板

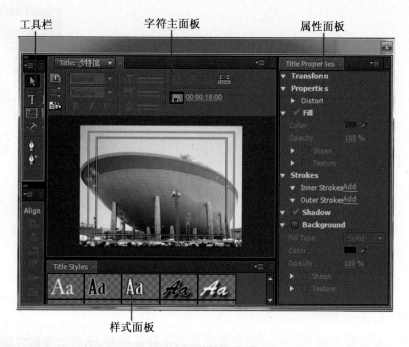

样式面板

图 7-1-2　字幕面板

- ▲:Selection Tool(选择工具),用于选择目标对象。
- ▲:Rotation Tool(旋转工具),用于旋转目标对象。
- T:Type Tool(文本工具),用于创建水平字幕。
- IT:Vertical Type Tool(垂直文本工具),用于创建垂直字幕。
- ▤:Horizontal Area Type Tool(水平段落工具),用于创建水平段落字幕。在要产生段落的位置按下鼠标左键拖出一个选区,然后在区域内输入文本。
- ▥:Vertical Area Type Tool(垂直段落工具),用于创建垂直段落字幕。使用方法同上,产生的段落是垂直的。
- ✎:Path Type Tool(路径文本工具),选择此工具后,当鼠标移到屏幕上时会自动变成钢笔工具,先将文字的路径勾出,然后再输入文本,文字垂直于路径。
- ✎:Vertical Path Type Tool(垂直路径文本工具),使用方法同上,输入的文字平行于路径。
- ✎:Pen Tool(钢笔工具),用于创建自定义图形。
- ✎:Add Anchor Point Tool(增加节点工具),用于增加路径上的节点。
- ✎:Delete Anchor Point Tool(减少节点工具),用于删除路径上的节点。
- ▲:Convert Anchor Point Tool(节点转换工具),节点分为直角节点、曲线节点,通过此工具可对节点进行转换。
- ▦:Rectangle Tool(矩形工具),用于创建矩形。
- ▦:Clipped-Corner Rectangle Tool(斜角矩形工具),创建出的矩形是被切掉四

个直角的矩形（即八边形）。

· :Round-Corner Rectangle Tool（圆形倒角矩形工具），创建四个直角圆滑处理过的矩形。

· ⬭:Round Rectangle Tool（圆形矩形工具），用于创建圆形。

· ◣:Wedge Tool（斜角工具），用于创建三角形。

· ◢:Arc Tool（弧形工具），用于创建弧形。

· ●:Ellipse Tool（椭圆工具），用于创建椭圆形。

· ◥:Line Tool（直线工具），用于创建线段。

（2）运动方向及显示设置。

· T:New Title Based on Current Title（在当前字幕基础上新建字幕），利用该方式新建的字幕可以保留原有字幕的设置属性，只需要修改文字内容即可。

· :Roll/Crown Options（运动设置），当单击该按钮后，会弹出字幕运动设置对话框。字幕的类型分为 Still（静止）、Roll（自下向上滚动）、Crawl（水平滚动）三种。其中 Crawl 可选择滚动方向为 Crawl Left（向左滚动）或 Crawl Right（向右滚动）。当字幕设为滚动字幕时，可对如下参数进行设置，如图 7-1-3 所示。

图 7-1-3　运动设置

Start Off Screen：在屏幕外开始动画。

End Off Screen：在屏幕外结束动画。

Preroll：设置字幕在运动前，先保持首帧的静止长度，通过参数可相应调整长度。

Ease-In：设置字幕开始时，由静止到运动的加速度，可起到平滑运动的效果。

Ease-Out：设置字幕结束时，由运动到静止的减速度。

Post-Roll：设置字幕结束时，保留尾帧的静止时间。

· :Show Background Video（显示背景视频）按钮，默认状态下在字幕预览窗口中将以时间线指针处的视频画面作为背景进行显示,再单击将以透明背景显示。

- **□Ⅱ:**字幕模板,单击该按钮,将打开模板对话框,可选择系统预置的模板。

(3) 属性面板。"Title Properties"(字幕属性)面板位于"Title"面板的右侧,用于对字体的字号、字体及填充方式等属性进行设置。其常用参数一共分为 5 个部分,分别为 Transform(变换)、Properties(属性)、Fill(填充)、Strokes(描边)和 Shadow(投影)。

① Transform(变换)参数如图 7-1-4 所示。

- Opacity(不透明度):设置字幕自身的透明程度,产生叠加效果。
- X Position(X 位置):设置字幕在 X 坐标方向上的位置。
- Y Position(Y 位置):设置字幕在 Y 坐标方向上的位置。
- Width(宽度):对字幕的宽度进行缩放。
- Height(高度):对字幕的高度进行缩放。
- Rotation(旋转):设置字幕的旋转角度。

② Properties(属性)参数如图 7-1-5 所示。

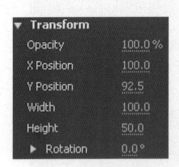

图 7-1-4 变换参数

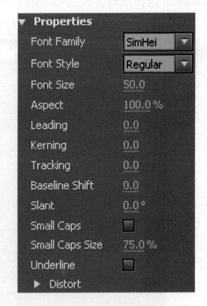

图 7-1-5 属性参数

- Font(字体):设置所需要的字体。
- Font Size(字号):设置字体的大小。
- Aspect(比例):设置字幕的宽高比。
- Leading(行距):设置段落的行距。
- Kerning(字间距):设置文字之间的距离。
- Tracking(轨迹扩张):与 Kerning(字间距)功能相似。其区别在于当选择了多个字符时,Kerning 以首个字符为基准,向左或向右平均分配字间距,而 Tracking 只能向右平均分布。
- Baseline Shift(基线变化):设置该项可提高或降低字幕的位置。

- Slant(倾斜):设置字体的倾斜程度。
- Small Caps(大写显示):将小写字母转换为大写字母。
- Small Caps Size(大写尺寸):和 Small Caps 配合可缩放大写字母。
- Underline(下划线):可在字幕下产生下划线。

③ Fill(填充)参数如图 7-1-6 所示。

- Fill Type(填充类型):填充的类型有 7 种,Solid(实色填充)、Linear Gradient(线性渐变填充)、Radial Gradient(辐射渐变填充)、4 Color Gradient(四色渐变填充)、Bevel(斜面填充)、Eliminate(去除填充)和 Ghost(阴影填充),如图 7-1-7 所示。选择的填充形式不同,其颜色设置会发生变化。
- Color(颜色):设置填充的颜色。
- Opacity(不透明度):设置填充颜色的不透明度。
- Sheen(辉光):为对象添加辉光效果。勾选此项后,可对辉光的颜色、不透明度、大小、角度、偏移量进行设置。
- Texture(纹理):为对象添加纹理效果。

图 7-1-6　填充参数

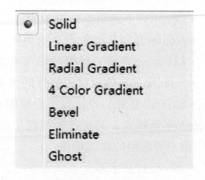

图 7-1-7　填充类型

④ Strokes(描边)参数如图 7-1-8 所示。

- Inner Strokes(内描边):设置沿文本的边缘由外向内进行描边。单击"Add"(添加)按钮可以打开扩展选项。

Type(类型):设置描边的类型,有 Depth(深度)、Edge(边缘)和 Drop Face(正面投影)3 种类型。

Size(尺寸):确定描边线框的大小。

Fill Type(填充类型):与 Fill(填充)部分的类型相同。

Color(颜色):设置描边颜色。

Opacity(不透明度):设置描边颜色的不透明度。

Sheen(辉光):与 Fill(填充)部分相同。

Texture(纹理):与 Fill(填充)部分相同。

- Outer Strokes(外描边):设置沿文本的边缘继续向外进行描边。单击"Add"(添加)按钮可以打开扩展选项。其参数与 Inner Strokes(内描边)完全一样,用法也相同。

⑤ Shadow(投影)参数如图 7-1-9 所示。

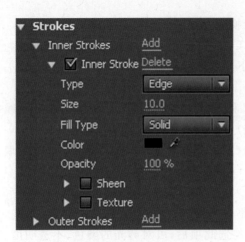

图 7-1-8　描边参数

图 7-1-9　投影参数

- Color(颜色)：设置描边颜色。
- Opacity(不透明度)：设置描边颜色的不透明度。
- Angle(角度)：设置投影的角度。
- Distance(距离)：设置投影与文本之间的距离。
- Size(尺寸)：确定描边线框的大小。
- Spread(延展)：设定投影的模糊程度。

（4）字幕样式。系统已经预制了许多种字幕样式，方便用户直接使用。只要选中文字，单击要应用的样式即可。

3. 保存、打开字幕

（1）保存字幕。单击字幕创建面板中的关闭按钮，字幕会自动保存到项目面板中。

（2）打开字幕。在项目窗口中要编辑已有的字幕，只要双击该字幕，就在字幕面板中打开该字幕。

7.1.3　任务实施

1. 新建项目、序列、导入素材

启动 Premiere CS5，新建项目"字幕"，在"New Sequence"（新建序列）对话框中，单击左侧的 DV-PAL 下的 Standard 48kHz。序列名称为"字幕"，单击"OK"按钮。

单击菜单命令"Edit（编辑）→Preference（首选项）→Gentral（通用）"，在弹出的"Preference"（首选项）对话框中的"General"栏中，设置"Still Image Default Duration"（静态图像默认持续时间）是"300 帧"。

双击项目窗口空白处导入所有素材。依次将素材"中国.jpg"、"沙特.jpg"、"日本.jpg"、"英国.jpg"拖到时间线上。

2. 制作字幕

（1）单击菜单命令"File→New→Title（字幕）"，弹出一个对话框，输入字幕名称为"中国馆"后，单击"OK"按钮打开字幕面板。

（2）在字幕面板中单击 工具输入文字"中国馆"，有时由于默认字库的原因，输入的文字可能不能正常显示。拖拽鼠标将输入的文字选中，在字幕面板的右侧设置其Font Family（字体）为"SimHei"（黑体），Font Size（字号）为"50"，Fill（填充）下的Color为"RGB(255,0,0)"。展开Strokes（描边），单击其下面Outer Stroke（外描边）后面的"Add"，将其Size（尺寸）设为32，描边颜色Color设为白色。勾选"Shadow"（阴影），如图7-1-10所示。用字符面板中的选择工具 ↖ 调整文字位置，如图7-1-11所示。

图 7-1-10 字符属性设置

图 7-1-11 文字效果

（3）单击字符面板中的 🅣 按钮，新建一个基于当前字幕属性的新字幕，输入字幕名称为"沙特馆"。在字幕面板中，用文字工具 🅣 拖拽框选"中国"二字，改为"沙特"。于是字幕"沙特馆"就具有了字幕"中国馆"的文字属性，避免了重复设置属性。

（4）同步骤（3），制作字幕"日本馆"、"英国馆"。最后单击字幕标签 Title: 英国馆 ▼ ✕ 右侧的关闭按钮关闭字幕。

（5）按Ctrl＋T新建字幕，字幕名称为"中国馆介绍"。在字幕面板中，选择文字工具 🅣 在面板下部单击，出现文本框的闪烁光标，打开素材文件夹中的Word文档"展馆文字介绍.doc"，将中国馆的介绍文字复制粘贴到该文本框中。用选择工具单击复制的文字，在字幕面板下部的"字幕样式"中选择如图7-1-12所示的样式。再在右侧的文字属性中设置Font Family（字体）为"SimHei"（黑体），Font Size（字号）设为"35"。

 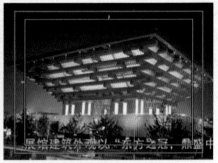

图 7-1-12　字符样式

　　单击字符面板上部的运动设置按钮 ，在弹出的对话框中选择"Crawl Left"，勾选"Start Off Screen"和"End Off Screen"，如图 7-1-13 所示。这样就制作一个从屏幕右侧外滚入、到左侧滚出的水平滚动字幕。

　　（6）单击字符面板中的 按钮，新建一个基于当前字幕属性的新字幕，输入字幕名称为"沙特馆介绍"。在字幕面板中，用文字工具 拖拽框选所有介绍文字，将沙特馆的介绍文字复制粘贴到该文本框中。于是就制作了沙特馆介绍的水平滚动字幕。

　　（7）同步骤（6），制作日本馆介绍、英国馆介绍的水平滚动字幕。

　　（8）按 Ctrl＋T 新建字幕，命名为"结束"，在字符面板中输入"谢谢收看"，在字幕样式面板中选择一种满意的样式，然后用文字工具选中文字，在面板右侧设文字的 Font Family（字体）为"SimHei"（黑体），Font Size（字体尺寸）为"70"。单击字符面板上部的运动设置按钮 ，在弹出的对话框中选择"Roll"（滚动），勾选"Start Off Screen"（开始离屏幕）和"End Off Screen"（结束离开屏幕），如图 7-1-14 所示。这样就制作一个从屏幕下方滚入、到上方滚出的垂直滚动字幕。

图 7-1-13　水平滚动字幕设置

图 7-1-14　垂直滚动字幕设置

3. 排列时间线

关闭所有字幕,将字幕拖到时间线上,调整字幕在时间线上的长度,使其与图片素材的长度一样长,如图 7-1-15 所示,效果如图 7-1-16 所示。

图 7-1-15　字幕在时间线上的排列

图 7-1-16　字幕效果

4. 测试和渲染输出

单击节目窗口中的播放按钮 ▶ 进行预览测试,测试完成后,选择菜单命令"File(文件)→Export(输出)→Media(媒体)"渲染输出。

7.2　字幕模板的综合应用——相册封面

7.2.1　学习目标

本节主要讲解利用 Premiere CS5 的字幕模板制作相册背景,同时利用字幕的"Insert Logo"(插入标志)命令插入图片,利用字幕工具制作渐变色的路径文字的方法。相册封面最终效果如图 7-2-1 所示。

图 7-2-1　相册封面最终效果

7.2.2　相关知识

1. 字幕模板

Premicre 为用户提供了一些预先设置的带字体样式和背景图片的字幕模板,使用字幕模板可以轻松创建出漂亮的字幕效果。字幕模板中包括 12 种类型的模板,每种模板下又分别包含多种类型的模板。

(1) 使用字幕模板。选择菜单命令"Title(字幕)→Templates(模板)"或者在字幕面板中单击模板按钮 ,可以打开"Templates"(模板)对话框,如图 7-2-2 所示。在左侧选择一种合适的模板,单击"OK"按钮即可将模板的内容添加到字幕中。模板中的文字、图形可以利用字幕面板的工具进行编辑和替换。

图 7-2-2　"模板"对话框

(2) 保存字幕模板。自己设置的字幕也可以保存为字幕模板。当设置好字幕后,单击字幕面板左上角的模板按钮 ,在弹出的"Templates"(模板)对话框中,单击右上角的 按钮,从弹出的菜单中选择"Import Current Title as Template"(导入当前字幕为模板)命令,即可将设置好的字幕保存在"Templates"(模板)对话框中的"User Templates"下面。

2. 标志图片 Logo

在字幕面板中,允许以 Logo 标志的形式插入图片。选择菜单命令"Title→Logo→Insert Logo",可以插入图片,并且可以调整图片的大小和位置,如图 7-2-3 所示。

图 7-2-3　插入 Logo 标志

3. 图形的绘制与排列顺序

在字幕面板中利用绘图工具可以绘制图形,还可为图形设置填充色和描边。当绘制的图形之间相互重叠时,可以设置它们的前后排列顺序。右击选中需要排列的图形,在弹出菜单中选择命令"Arange→Bring to Front",如图 7-2-4 所示。

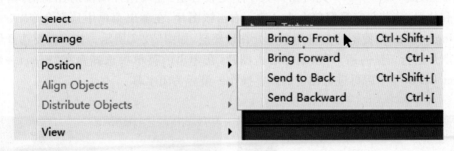

图 7-2-4　排序命令

- Bring to Front:移到最前面。
- Bring to Forward:前移一层。
- Send to Back:移到最后面。
- Send Backward:后移一层。

7.2.3　任务实施

1. 新建项目和序列

启动 Premiere CS5,新建项目"幸福宝贝",新建序列,单击左侧的 DV － PAL 下的 Standard 48kHz。序列名称为"幸福宝贝",单击"OK"按钮。

2. 利用字幕模板制作相册背景

（1）新建字幕，命名为"封面背景"。在字幕面板中单击模板按钮 （此图标位于行内），打开"Templates"（模板）对话框，在左侧找到"Title Designer Presets→Genenral→Retro→Retro_full3"模板，如图7-2-5所示。单击"OK"按钮添加模板。

图 7-2-5　添加模板

（2）在字幕面板中，单击底部的文字，按 Delete 键删除文字。选择菜单命令"Tile（字幕）→Logo（标志）→Insert Logo（插入标志）"，在弹出的"Insert Image as logo"（插入图像作为标志）对话框中指定要插入的图片"儿童1.jpg"。于是图片被插入到字幕面板中，如图7-2-6所示。此时图片大小不是很合适，拖动图片周围的控制柄，调整其大小和位置，使其与字幕窗口大小一致。右击该图片，在弹出菜单中选择命令"Arange→Bring to Back"，使图片的排列顺序处在最底层，如图7-2-7所示。如果需要选择最底层的图片进行调整的话，可以鼠标右击图片，在弹出的菜单中选择命令"Select→Last Object Below"，然后再进行相应的调整操作。最后关闭字幕。

图 7-2-6　插入 Logo 图片

图 7-2-7　调整 Logo 图片的排列顺序

3. 制作相册标题

（1）将项目窗口中的字幕素材"相册背景"拖到时间线的 Video1 上。

（2）新建字幕，命名为"标题文字"。在字幕面板中，为了能看到文字路径，单击字幕面板顶部的 ![按钮] 按钮隐藏背景。单击垂直曲线文字工具 ![工具]，在面板中单击第 1 个点，在单击第 2 个点时，不要松开鼠标，沿垂直方向拖拽；然后再单击第 3 个点，沿垂直方向拖拽；最后单击第 4 个点，这样就绘制出一条曲线，如图 7-2-8 所示。

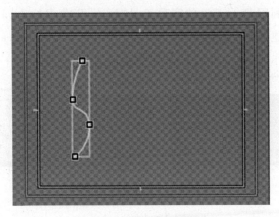

图 7-2-8　绘制文字路径

鼠标移到曲线开始的地方，当鼠标图标变为 ![图标] 时单击曲线，出现闪烁的光标，输入文字"幸福宝贝"，设文字的字体为黑体，字号为"85"，填充 Fill 为"4 Color Gradient"（4 色渐变），四个渐变点的颜色分别为：左上角 RGB(255,0,0)，右上角 RGB(179,93,200)，左下角 RGB(255,255,0)，右下角 RGB(255,225,225)。同时勾选阴影效果 Shadow，再次单击 ![按钮] 按钮恢复背景显示，如图 7-2-9 所示。

图 7-2-9　设置曲线文字属性

文字可能排列得不好看，可以用钢笔工具 ![工具] 选择文字路径上的点进行移动，还可以拖动点的切线调整路径的形状。还可以在字幕面板右侧调整文字的 Size(大小尺寸)和 Tracking(字间距)。最终将路径文字排列调整好。关闭字幕。

4. 排列时间线

将字幕素材"标题"拖到 Video2 上，最终实现相册封面效果，如图 7-2-1 所示。

7.3 卡拉 OK 字幕的制作——《虫儿飞》

7.3.1 学习目标

本节主要讲解利用 Premiere 的字幕工具 "New Title Based on Current Title"(在当前字幕基础上新建字幕)![图标]制作变色文字、利用视频特效 Linear Wipe(线性擦除)制作文字渐显的操作方法。《虫儿飞》最终效果如图 7-3-1 所示。

图 7-3-1 《虫儿飞》最终效果

7.3.2 相关知识

视频特效 Linear Wipe(线性擦除)

在 "Effects"(效果)面板中展开 "Video Effects"(视频特效),将 "Transition" 文件夹下的 Linear Wipe(线性擦除)特效拖到时间线的素材上。选中该素材,在 "Effect Controls"(效果控制)面板中将显示该特效的属性参数,如图 7-3-2 所示。

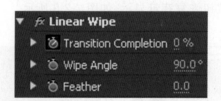

图 7-3-2 线性擦除视频特效

· Transition Completion:转换完成程度,数值为 0 时,没有擦除;数值为 100 时,完全擦除掉。

· Wipe Angle:擦除角度,可控制擦除面的倾斜角度。

· Feather:羽化值,可控制擦除边缘的羽化值。

7.3.3 任务实施

1. 新建项目、序列、导入素材

在 Premiere CS5,新建项目"卡拉 OK 字幕",新建序列,单击左侧的 DV – PAL 下的 Standard 48kHz。序列名称为"虫儿飞",单击"OK"按钮。双击项目窗口的空白处,将所有素材导入进来。

2. 时间线编辑素材

(1)将音频素材"虫儿飞.wav"拖到时间线的音频轨道 Audio1 上。

（2）在节目窗口中单击播放按钮 进行测试，在测试的同时，鼠标放在无序号标记按钮 上，根据音乐旋律和唱词的变化，打上无序号标记点。此处只标记音乐的第一段旋律，调整素材出点到最后一个标记点处，如图7-3-3所示。

图 7-3-3 在时间线上添加标记

（3）分别将不同的背景画面拖到时间线上，调整素材在时间线上的长度，与标记点长度一致，如图7-3-4所示。

图 7-3-4 时间线排列素材

（4）制作图片移动动画。选中素材片段"背景1.jpg"，在"Effect Controls"（效果控制）面板中展开"Motion"，设置"Position"的数值为（360,218），将指针移到该素材的开头，单击"Position"左侧的秒表按钮 ，启动关键帧。将指针移到该素材的末端，设置"Position"的数值为（360,382），制作图片由上向下缓缓移动的动画。

根据相同的操作方法，为素材片段"背景2.jpg"制作由下向上缓缓移动的动画。为素材片段"虫01.jpg"制作由左向右缓缓移动的动画。为素材片段"虫02.jpg"制作由左上角向右下角缓缓移动的动画。为素材片段"虫03.jpg"制作由上向下缓缓移动的动画。为素材片段"背景4.jpg"制作由小变大的Scale（比例）动画。

提示：无论图片是做Position（位置）动画，还是Scale（比例）动画，前后关键帧的数值变化不要太大，只要有小小的变化即可，这样才能有缓慢的节奏感。具体数值可根据画面感觉自行确定。

（5）新建字幕，命名为"标题"。用文字工具 在字幕面板上输入"虫儿飞"，设字体为黑体，字号为"83"，Fill（填充）下设Color（文字颜色）为黑色。勾选"Shadow"（阴影），设阴影的颜色为RGB（200,107,255），Size（阴影大小）为"37"，Spread（扩散）为"94"。

用文字工具 在字幕面板上输入"——童声合唱"，设字体为黑体，字号为"45"，Fill（填充）下设Color（文字颜色）为黑色。勾选"Shadow"（阴影），设阴影的颜色为RGB

（200,107,255），Size（阴影大小）为"31"，Spread（扩散）为"94"。调整好文字的位置，效果如图 7-3-5 所示。

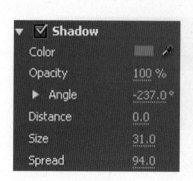

图 7-3-5　设置标题字幕

（6）将指针移到素材片段"背景 1. jpg"上，新建字幕"歌词 1"，用文字工具 （T）在字幕面板上输入"黑黑的天空低垂"，选中文字，设置字体为黑体，字号为"40"，Aspect（宽高比例）为"102,6％"。Fill（填充）下设 Color（文字颜色）为白色，勾选"Shadow"（阴影），设阴影颜色为（201,107,255），Angle（角度）为"-237"，Size（阴影大小）为"31"，Spread（扩散）为"94"，如图 7-3-6 所示。

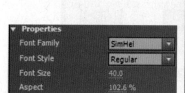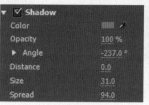

图 7-3-6　设置字幕属性

单击字符面板中的 按钮，新建一个基于当前字幕属性的新字幕，输入字幕名称为"歌词 1-1"。在字幕面板中选中歌词，修改文字属性，设 Fill（填充）下 Color（文字颜色）为 RGB（134,5,162），其他参数不变。关闭字幕，如图 7-3-7 所示。

图 7-3-7　填充属性设置及效果

（7）在项目窗口中双击字幕"歌词 1"，在字幕面板中打开该字幕。在字幕面板中单

击 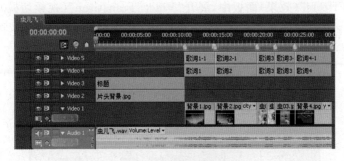 按钮，输入字幕名称为"歌词 2"，用文字工具 **T** 选中原先的歌词，输入新的歌词"亮亮的繁星相随"。关闭字幕。

在项目窗口中双击字幕"歌词 1-1"，在字幕面板打开该字幕。在字幕面板中单击 **T** 按钮，输入字幕名称为"歌词 2-1"，用文字工具 **T** 选中原先的歌词，输入新的歌词"亮亮的繁星相随"。关闭字幕。

（8）同步骤（4），完成"歌词 3"、"歌词 3-1"的制作。歌词为"虫儿飞"。

（9）同步骤（4），完成"歌词 4"、"歌词 4-1"的制作。歌词为"你在思念谁"。

（10）右击轨道名称，在弹出的菜单中选择"Add Tracks"（添加轨道）命令，在弹出的对话框中视频轨道数量设为"2"。这样便增加了 Video4、Video5 两个轨道。将歌词字幕拖到时间线上，分别调整入点、出点，使其长度与标记点一致，如图 7-3-8 所示。

图 7-3-8　时间线歌词排列

（11）在"Effects"（效果）面板中展开"Video Effects"（视频特效），将"Transition"子文件夹下的 Linear Wipe（线性擦除）特效拖到时间线的素材"歌词 1-1"上。将时间指针移到该素材开始的地方，选中该素材，在"Effect Controls"（效果控制）面板中单击"Transition Completion"（转换完成程度）左侧的秒表按钮 **⏱**，启动关键帧，系统自动添加了一个关键帧。将时间指针移到该素材结束的地方，调整"Transition Completion"（转换完成程度）的数值，使得素材结束时歌词刚好擦除完，如图 7-3-9 所示。

图 7-3-9　Linear Wipe（线性擦除）的关键帧设置

（12）同步骤（11），制作完成"歌词 2-1"、"歌词 3-1"、"歌词 4-1"的擦除效果。

（13）将时间指针移到时间线的开始处，选中音频轨道上的素材，在"Effect Controls"（效果控制）面板中单击 Volume（音量）下的 Level（电平）右侧，单击添加/删除关键帧按钮 ◆，添加一个关键帧。将时间指针后移，分别在图 7-3-10 所示位置添加其他 3 个关键帧，将开始和结束关键帧的数值设为最小值"－287.5"，制作声音淡入、淡出的效果。

图 7-3-10　利用关键帧制作声音淡入、淡出的效果

（14）在"Effects"（效果）面板中，展开"Video Transtiton"（视频切换）文件夹，选中"Dissolve"（溶解）子文件夹下的 Cross Dissolve（淡入淡出）转场效果，将其拖到如图 7-3-11所示的素材的端头，制作淡入淡出的效果。

图 7-3-11　时间线添加转场效果

3. 测试和渲染输出

单击节目窗口中的播放按钮 ▶进行预览测试，测试完成后，选择菜单命令"File（文件）→Export（输出）→Media（媒体）"进行渲染输出。

本章小结

本章首先介绍了静态字幕的建立和编辑方法，再深入讲解了如何制作滚动字幕，同时对路径文字的建立和渐变颜色的字幕制作，以及如何插入 Logo 图片进行了详细的介绍。最后结合卡拉 OK 字幕的制作，将字幕的制作技巧做了延伸，便于大家能根据需要制作出理想的字幕效果。

课后练习

1. 完整地制作出《虫儿飞》的卡拉 OK 字幕。
2. 利用字幕模板设计一个个人写真相册封面，添加上字幕修饰。

音频技术的应用

8.1 音频的添加和编辑——《聆听大自然的声音》

8.1.1 学习目标

本节主要讲解了音频文件的添加、剪辑,音频转场效果的添加和设置,音量的控制等相关知识,便于大家初步了解音频处理的基本方法。《聆听大自然的声音》最终效果如图 8-1-1 所示。

图 8-1-1 《聆听大自然的声音》最终效果

8.1.2 相关知识

1. 音频基础知识

·音量:主要指声音的强弱程度,是声音的重要属性之一。音量的单位是分贝(dB),一般人只能觉察 3 分贝以上的音量变化,通常用音量描述音强。

·音调:音调主要指"音高",它是声音的物理特征,音调的高低取决于声音频率的高低,频率越高,音调相应也越高。频率越低,音调也随之下降。

·音色:音色的好坏主要取决于发音体、发音环境的好坏,发音体和发音环境不同都会影响声音的音质。声音分为基音和泛音,音色是由混入基音的泛音所决定的,泛音越高,谐波越丰富,音色就越具有明亮感和穿透力。不同的谐波具有不同的相位和振幅,由此产生各种音色。

·噪声:噪声可以对人的正常听觉造成一定的干扰,它通常是由不同频率和不同强度的声波无规律地组合所形成的声音,即物体无规律的震动所产生的声音。噪声不仅由声音的物理特性决定,还与人们的生理和心理状态有关。

·动态范围:动态范围指的是录音或放音设备在不失真和高于该设备固有噪音的

情况下所能承受的最大音量范围,通常以分贝表示。人耳所能承受的最大音量为 120 分贝。

·静音:静音指的是无声。无声是一种具有积极意义的表现手段,在影视作品中通常用来表现恐惧、不安、孤独以及内心极度空虚的气氛和心情。

·失真:失真指的是声音在录制加工后产生一种畸变,一般分为非线性失真和线性失真两种。非线性失真指的是声音在录制加工后出现了一种新的频率,与原声音产生了差异;而线性失真是指没有产生新的频率,但是原有的声音比例发生了变化,要么增加了高频成分的音量,要么减少了低频成分的音量等。

·增益:增益是指"放大量"的统称,包括功率的增益、电压的增益、电流的增益。通常调整音频设备的增益量,可以对音频信号电平进行调节,使系统的信号电平处于一种最佳状态。

2. 音频轨道

系统默认的音频轨道是 4 个,分别是 3 个 Audio(音频轨道)和 1 个 Master(主轨道),如图 8-1-2 所示。

每个音频轨道上都有一个喇叭标志 ,单击该图标,可以隐藏或显示该轨道上声音。轨道名称左侧的 按钮单击后变为 ,将该轨道锁定,声音不能被编辑。单击 图标,将出现一个选择菜单,选择"Show Waveform"(显示波形)命令,可以精确显示声音的波形信号。选择"Show Name Only"(只显示名字)命令,则时间线上的素材只显示素材名字,如图 8-1-3 所示。

图 8-1-2　音频轨道

图 8-1-3　锁定音频轨道

3. 调整音量

使用"Effect Controls"(效果控制)面板中的"Volume"(音量)可以进行音量调整。操作的方法是先在时间线上选中音频素材,在效果控制面板中展开 Volume(音量),调整 Level(电平)的数值即可。可以为该参数设置关键帧,使音频在不同的时间段中音量高低不同。

4. 调整音频增益

由于录制的原因,素材的音量可能很小,通过调整音量达不到要求,这时可通过调整增益的方法调节音量。操作的方法是右击时间线上的音频素材,在弹出菜单中选择"Audio Gain"(音频增益)命令,打开"Audio Gain"(音频增益)对话框,如图 8-1-4 所示。

其中包含四个选项,可以选择一种方式,输入数值即可。

· Set Gain to(设置增益为):输入一个数值调整音频的增益。

· Adjust Gain by(调整增益量):输入数值时,Set Gain to 的值会发生变化。

· Normalize Max Peak to(最高峰标准值):输入数值设定音频素材中最大的峰值。

· Normalize All Peaks to(全部峰值标准):输入数值设定音频素材中所有峰值的标准。

5. 调整音频速率

调整音频速率可通过"Speed/Duration"(速度/持续时间)命令来实现。右击时间线上的音频素材,在弹出菜单中选择"Speed/Duration"(速度/持续时间)命令,打开"Speed/Duration"(速度/持续时间)对话框,如图 8-1-5 所示。在其中输入 Speed(速度)的数值或更改 Duration(持续时间)的数值,都可以实现变速的目的。还可以制作倒放效果,音频变速时是否会影响到音调,在对话框中可勾选相应设置。

· Reverse Speed:倒放速度。

· Maintain Audio Pitch:保持音调不变。

· Ripple Edit,Shifting Trailing Clip:波纹编辑,移动后面的素材。

图 8-1-4　音频增益对话框

图 8-1-5　速度/持续时间对话框

6. 音频转场

Audio Transition(音频切换)在 Premiere 中只有 Crossfade(淡入淡出)这一种,它包含 Constant Gain(恒定增益)、Constant Power(恒定电力)、Exponential Fade(迅速减弱)三种方式,如图 8-1-6 所示。可以将音频转场放置在两个音频素材的交叉处,制作交叉淡入淡出效果,也可以添加到单个音频素材的开头或结尾,制作淡入或淡出的效果。在时间线上双击音频切换图标,可在"Effect Controls"(效果控制)面板中修改切换时间,如图 8-1-7 所示。还可以单击菜单命令"Edit(编辑)→Preference(首选项)→General(常规)",在弹出的对话框中更改 Audio Transition Default Duration(音频切换默认持续时间)的数值,从而设置新的音频切换默认持续时间。

图 8-1-6　音频切换类型

图 8-1-7　修改音频切换时间

7. 音频的处理方式

Premiere 处理音频的方式有以下 3 种:

- 直接在 Timeline(时间线)窗口的声轨上进行操作。
- 使用菜单命令编辑用户所选择的音频片段。
- 对某个音频片段使用音频特效。

Premiere 处理音频有一定的顺序,添加音频效果的时候就要考虑添加的次序。Premiere 首先对任何应用的音频滤镜进行处理,紧接着是对 Timeline(时间线)的音频通道中添加的任何摇摆或者增益效果进行设置和调整,它们是最后处理的效果。

在音频的处理上,一般使用的都是立体混合声。因此在编辑音频之前,用户最好在 Audio(音频)中设置为 Stereo(立体混合声)。选择菜单命令"Project(项目)→Project Setting(项目设置)→Default Sequence(默认序列设置)",然后在弹出的对话框中 Master 选择 Stereo(立体混合声)即可。Audio1 ～Audio3 是立体声轨道,Audio4 是单声道。单声道的素材不能放置在立体声轨道上。

8.1.3　任务实施

1. 新建项目、序列、导入素材

启动 Premiere CS5,新建项目"聆听",新建序列,单击左侧的 DV － PAL 下的 Standard 48kHz。序列名称为"聆听",单击"OK"按钮。

单击菜单命令"Edit(编辑)→Preference(首选项)→General(通用)",在调出的"Preference"(首选项)对话框中的"General"栏中,设置"Still Image Default Duration"(静态图像默认持续时间)是 125 帧。双击项目窗口空白处导入所有素材。

2. 时间线编排素材

（1）依次将素材风景1～风景13拖到时间线上。拖动时间线指针浏览素材到风景9、风景10、风景11时，发现素材左右两边出现黑边。这是由于素材的像素宽高比与所建序列不一致造成的。虽然图片大小都是720×576像素，但序列的像素宽高比是1.0940，而这些图片的像素宽高比是1。因此需要重新解释素材。在项目窗口中右击素材"风景9.jpg"，在弹出菜单中选择菜单命令"Modify→Interpret Footage"，在弹出的对话框中设置Pixel Aspect Ratio（像素宽高比）为1.094，如图8-1-8所示。用相同的操作，重新解释素材"风景10.jpg"和"风景11.jpg"。

（2）将素材"背景音乐.mp3"拖到音频轨道Audio1上，在画面结束的地方用工具箱的剃刀工具分割背景音乐，删除后面的部分。

（3）在开始的画面显示大海，需要配上海浪和海鸥的音效。由于这两个音效是单声道的素材，只能添加在单声道上。右击轨道名称，在弹出菜单中选择"Add Tracks"添加轨道命令，在弹出的对话框中选择添加2个音频轨道，类型为Mono（单声道），如图8-1-9所示。将海浪和海鸥的音频素材拖到Audio4、Audio5上。声音素材过长时，调整素材的出点到大海画面结束的位置。

图 8-1-8 解释素材

图 8-1-9 添加音频轨道

接下来是河水流淌的画面，将流水的音频素材放到Audio3轨道上，调整素材的出点与画面长度一致。

接下来是瀑布的画面，将瀑布的音频素材放到Audio3轨道上，调整素材的出点与画面长度一致。

接下来是田野的画面，根据自己对画面内容的理解，将小鸟、蟋蟀的音频素材多次拖到音频轨道上，在时间线上的前后位置可自由调整。

最后是池塘的画面，将蛙叫的音频素材拖到音频轨道上。整个时间线如图8-1-10所示。

3. 声音调整

（1）调整音量。测试播放，会发现背景音乐音量太大。选中该素材，在"Effect

图 8-1-10　音频轨道素材的排列

Controls"(效果控制)面板中,展开 Volume(音量)调整 Level(电平)的数值为负数,直到测试满意为准(调整时时间指针要拖回到开始处,否则会在时间线的中间添加关键帧)。同样的操作方法,将自己认为音量不合适的素材进行音量调整。若感觉调到最大音量还是不满意,可右击该素材,在弹出菜单中选择"Audio Gain"(音频增益)命令,打开"Audio Gain"(音频增益)对话框,如图 8-1-4 所示。选择第一种方式,输入一个合适的数值即可。

(2)添加音频转场。在"Effects"(效果)面板中展开"Audio Transition"(音频切换)选项,将 Constant Power(恒定电力)转场效果拖到背景音乐素材的开始和结束的地方、流水和瀑布素材开始、中间连接处、结尾部分的地方、海浪和海鸥素材开始和结束的地方,如图 8-1-11 所示。

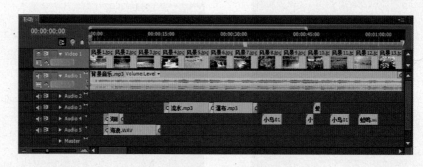

图 8-1-11　添加音频转场效果

4. 渲染输出

单击节目窗口中的播放按钮 ▶ 进行预览测试,测试完成后,选择菜单命令"File(文件)→Export(输出)→Media(媒体)"进行渲染输出。

8.2　音频特效的应用——变调和山谷回声

8.2.1　学习目标

本节主要讲解音频特效的添加和编辑的方法,了解主要的音频特效的功能。

8.2.2　相关知识

Premiere CS5 的音频特效按照音频的类型可划分为 5.1(5.1 环绕立体声)、Stereo(立体声)和 Mono(单声道)3 种。每个类型的文件夹中都存放着不同的音频特效,其中 Stereo(立体声)的效果有 30 种。此处只介绍 Stereo(立体声)特效中的常用特效。其添加方法与视频特效的添加相同。

1. Balance(均衡)特效

该特效用来控制左、右声道的相对音量,其效果控制面板如图 8-2-1 所示。正值是增加右声道的比例,负值是减小右声道的比例。单击效果控制面板底部的 ▶ 按钮可以测听调整后的效果,单击 🔁 按钮可以循环播放。

2. Bandpass(带通)特效

该特效用来将指定范围以外的声音或波段的频率删除,其效果控制面板如图 8-2-2 所示。Center(中置)参数用来确定中心的频率范围、Q(品质因数)参数用来确定被保护的频率带宽。Q 值低即建立一个相对较宽的频率范围,反之则建立一个较窄的频率范围。

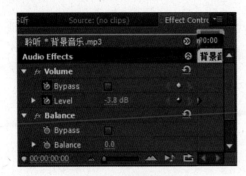

图 8-2-1 均衡音频特效

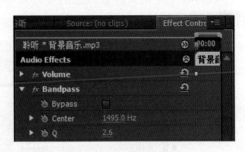

图 8-2-2 带通音频特效

3. Bass(低音)特效

该特效主要对音频的重音部分进行处理,可增强或减弱重音部分而不影响素材的其他音频部分,其效果控制面板如图 8-2-3 所示。Boost(推子)参数用来增加低频的分贝值,正值时低频音量提高,反之音量就降低。

4. Channel Volume(声道音量)特效

该特效用来控制立体声或 5.1 音频系统中每个通道的音量。Left(左)、Right(右)参数分别用于设置左、右声道的音量,其效果控制面板如图 8-2-4 所示。

图 8-2-3 低音音频特效

图 8-2-4 声道音量音频特效

5. Delay(延时)特效

该特效用来设置原始音频和回声之间的时间间隔,其效果控制面板如图 8-2-5 所示。Delay(延时)用来确定延迟时间,最大是 2 秒;Feedback(回馈)用来设定回响信号加入到原始素材中的百分比。Mix(混合)可以设定原始音频与延时音频之间的混合比例。如果用户想要取得比较好的效果,可将它们的值设为 50%。

图 8-2-5　延时音频特效

6. DeNoise(降噪)特效

该特效主要用来降低声道的噪音大小,他可以自动检测到音频中的噪音,并且自动清除噪音,其效果控制面板如图 8-2-6 所示。

图 8-2-6　降噪音频特效

7. Dynamics(动态)特效

该特效为动态设置,它可以针对音频信号中的低音和高音之间的音调,消除或者扩大某一范围内的音频信号。这在后期制作中应用非常广泛,但属于比较难掌握的音频特效,其效果控制面板如图 8-2-7 所示。

在效果控制面板中,会出现 Custom Setup(自定义设置)和 Individual Parameters(特定参数)两个选择。一般情况下采用 Custom Setup(自定义设置)。Custom Setup 设置有 3 组旋钮,其中 Compressor(压缩)和 Explander(扩展)用于调节最高音和最低音之间的动态范围。

8. EQ(均衡器)特效

该特效用于均衡设置,可以较为精确地调节音频的高音和低音。在效果控制面板中,会出现 Custom Setup(自定义设置)和 Individual Parameters(特定参数)两个选择。一般情况下采用 Custom Setup(自定义设置)。

图 8-2-7　动态音频特效

9. Multitap Delay(多重延时)特效

该特效对延时效果可以进行更复杂的和有节奏的控制。在效果控制窗口中,每一个选项都有 Delay(延时)、Feedback(回馈)和 Level(等级),如图 8-2-8 所示。

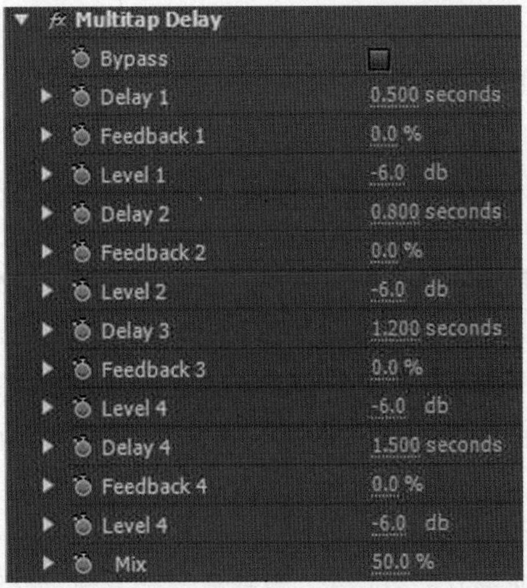

图 8-2-8　多重延时音频特效

10. PitchShifter(变调)特效

用来调整引入信号的音调,可以加深高音或低音部分的声音,其效果控制面板如图 8-2-9 所示。Pitch 参数设置音高的变化量,Fine Tune 参数精细调整音高参数,Formant Preserve 参数用来控制类似卡通声音效果和振鸣效果。单击右侧的按钮 ■ 可选用系统预置的效果。

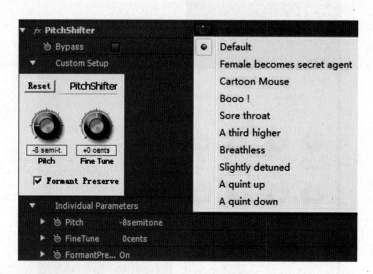

图 8-2-9　变调音频特效

8.2.3　任务实施

1. 制作变调效果

（1）在 Premiere CS5 中新建项目"变调"，新建序列，单击左侧的 DV－PAL 下的 Standard 48kHz。序列名称为"变调"，单击"OK"按钮。双击项目窗口的空白处，导入所有素材。

（2）将素材"对白.mp3"拖到时间线上，在"Effects"（效果）面板中展开"Audio Effects"（音频特效）选项，在"Stereo"（立体声）选项下选择 PitchShifter（变调）特效，将其拖到音频素材上。

（3）在"Effect Controls"（效果控制）面板中（如图 8-2-9 所示），取消勾选"Formant Preserve"，调整 Pitch 参数分别为"-10"、"10"，测试声音的变化，会发现音调分别变得非常低和非常尖锐。勾选"Formant Preserve"后再测试声音的变化。

（4）在"Effects"（效果）面板中删除"PitchShifter"（变调）特效，再重新添加该特效，在"Effect Controls"（效果控制）面板中单击右侧的按钮 ■，在下拉菜单中选择"Cartoon Mouse"，测试声音的变化。分别体验一下其他预置选项的效果。

（5）在"Effects"（效果）面板中删除"PitchShifter"（变调）特效，右击音频素材，在弹出的菜单中选择"Speed/Duration"（速度/持续时间）命令，在弹出的对话框中（如图 8-1-5所示）设置 Speed（速率）为"200％"，测试声音会发现，调整速度后，声音变快的同时音调也发生了变化。按 Ctrl＋Z 撤销变速的操作，重新打开变速对话框，设置 Speed（速率）为"200％"的同时，勾选"Maintain Audio Pitch"（保持音调不变），如图 8-2-10 所示。再进行测试，会发现说话速度变快了，但音调不变。

2. 制作回声效果

（1）在 Premiere CS5 中新建项目"山谷回音"，新建序列，单击左侧的 DV－PAL

下的 Standard 48kHz。序列名称为"山谷回音",单击"OK"按钮。双击项目窗口的空白处,导入录制的声音文件"喊声.wav"和视频"风光.avi"。

（2）将"风光.avi"拖到时间线视频轨道 Vidoe1 上。

（3）将音频素材"喊声.wav"拖到音频轨道 Audio1 上,调整素材的出点,使得喊声只出现一次,并调整在时间线上的位置,如图 8-2-11 所示。右击该素材,在弹出菜单中单击"Audio Grain"命令,打开"Clip Grain"(修剪增益)对话框,设数值为10,将声音增大,如图 8-2-12 所示。

图 8-2-10　调速不变调

图 8-2-11　将素材拖入时间线

（4）在"Effects"(效果)面板中展开"Audio Effects"(音频特效)选项,再展开"Stereo"(立体声)选项,从中选择"Multitap Delay"(多重延时)特效,将其拖到音频轨道上,在"Effect Controls"(效果控制)面板中,分别设置"Feedback"(回馈)的数值为"10",其他参数采用默认值,如图 8-2-13 所示。

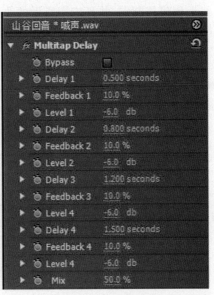

图 8-2-13　多重延时特效

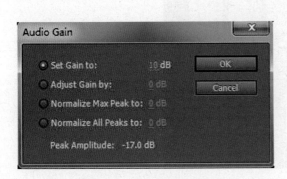

图 8-2-12　修剪增益设置

3. 渲染输出

分别在"变调"和"山谷回音"两个序列中，单击节目窗口中的播放按钮 ▶ 进行预览测试，测试完成后，选择菜单命令"File（文件）→Export（输出）→Media（媒体）"进行渲染输出。

8.3 调音台的使用——《搞笑动物》对白录制及混音

8.3.1 学习目标

本节主要讲解音频混合器的功能及使用方法，能对不同轨道的声音进行调整，并能通过麦克风进行录音。《搞笑动物》配音最终效果如图8-3-1所示。

图8-3-1 《搞笑动物》配音最终效果

8.3.2 相关知识

1. Audio Mixer 音频混合器

音频混合器，又称调音台，可以控制每一条音轨。每一条通道的音量淡化器可以调整其音量。在使用音频混合器进行调整时，Premiere同时在时间线的音频素材的音量线上创建控制点，并且应用所做的改变。音频混合器如图8-3-2所示。

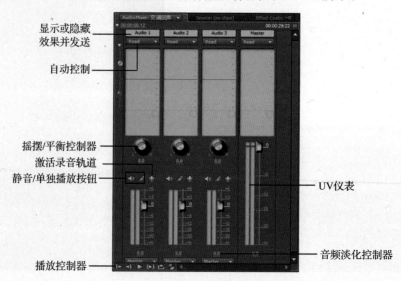

图8-3-2 音频混合器

·自动控制：在自动选项中有 5 个选项，如图 8-3-3 所示。

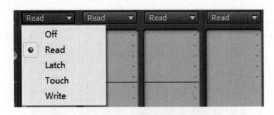

图 8-3-3　自动控制选项

·摇摆/平衡控制器：每个音轨上都有，其作用是将单声道音频文件素材在左右声道中来回切换，最后将其平衡为立体声。

·静音/单独播放按钮：单击静音按钮 后音频素材播放时没有声音；单击单独播放按钮后只播放单一轨道上的音频素材，其他轨道上的音频素材则为静音状态。如果两个按钮都未选中则按照顺序播放所有的素材。

·播放控制器：包含各种播放音频的操作工具。

2. 捕获声音

许多影片在录制时，其实已经包含了声音，所以当影片被导入时，也同时导入了声音。这里所要了解的是纯粹音频的处理方式，而音频的来源可分两大类：模拟音频（Analog Audio）和数字音频（Digital Audio），在当前环境中，数字音频的获取可能比模拟音频更加容易，而且不需要额外的设备捕获，只需要文件的转换。

（1）捕获模拟音频。利用 Video Capture Card（视频捕获卡）或 Audio Card（声卡）捕获。一般而言，模拟音频是指录音机、麦克风、家用录像系统（VHS）或 8mm 录放影机等，对于这些与计算机文件不兼容的媒体，必须以 RCA 或 Mini Pin 等模拟信号线来连接模拟音频的来源和计算机上的 Audio 输入端。Premiere CS5 是利用声卡捕获音频。

（2）捕获 CD 数字音频。利用 Adobe Audition 直接转换文件，最容易获取所需的音源。如果将音频用于商业用途，需要注意版权的问题。

（3）从 VCD 中获取数字音频。市面上有许多转换文件格式的软件，在此介绍一种无需软件的方法。在计算机上打开任何一张 VCD 的文件夹内，都有一个叫 MPEGAV 的文件夹，打开文件夹，会看到这些文件具有扩展名为".dat"，但本质上它们都属于 MPEG1 的格式。将文件复制到硬盘上，将扩展名改为".mpg"后，在 Premiere 中使影音分离，就可以获取音频来源了。

3. 利用 Audio Mixer 音频混合器捕获声音

连接好音频输入设备（例如，麦克风）之后，打开"Audio Mixer"（音频混合器）面板，选择一条要录制音频的轨道。以要录制到 Audio1 轨道为例，首先单击 Audio1 轨道的录音轨道按钮 使之变为红色，然后单击录音按钮 使之变为红色闪烁状态，这时表明轨道已经准备好，可以进行录音，如图 8-3-4 所示。

最后单击播放按钮 开始录音，录音进行时播放按钮会变成 状态。当录音结束时单击停止按钮 则音频录制完成。

录制完的音频会自动出现在"Project"（项目）窗口中，并且插入 Audio1 轨道中，如

图 8-3-5 所示,插入点为时间指针所在处。

图 8-3-4　录音到 Audio1 轨道

图 8-3-5　录制完成后的状态

4. 利用 Windows 的录音机工具捕获声音

（1）单击菜单命令"开始→所有程序→附件→录音机",打开如图 8-3-6 所示的录音机程序界面。

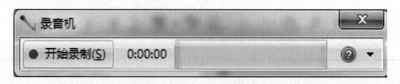

图 8-3-6　Windows 录音机

（2）将麦克风插入声卡的 Line IN 插口,然后单击 ● 开始录制(S) 按钮开始录音。录制完成后单击 ■ 停止录制(S) 按钮停止录音。再次单击 ● 开始录制(S) 按钮可继续录音。按其他按钮可进行测试播放。

（3）单击菜单命令"文件→另存为"，指定保存的路径和文件名，保存声音文件。

8.3.3　任务实施

1. 录音

（1）首先准备一个麦克风，将麦克风的输出接头插入声卡的麦克风输入口，并将麦克风打开。单击 Windows 7 的"开始"菜单，选择"控制面板"将其打开，如图8-3-7所示。单击"硬件和声音"选项，在接下来的声音选项下，单击"管理音频设备"，弹出"声音"对话框，如图 8-3-8 所示。在"录音"标签下选择麦克风，可以对麦克风的"配置"和"属性"进行设置。单击"属性"按钮可对麦克风属性进行设置。在"高级"标签下设采样频率为"2 通道，16 位 48000Hz"，如图 8-3-9 所示。还可以对"级别"标签下的麦克风属性进行设置，如图 8-3-10 所示。

图 8-3-7　控制面板声音设置

图 8-3-8　"声音"对话框

图 8-3-9 "高级"标签设置 　　　　　　　　　　图 8-3-10 "级别"标签设置

（2）Windows 7 的声音选项设置好后，启动 Premiere，首先单击菜单命令"Edit→Preference→Audio Hardware"，对默认的音频硬件进行设置。在弹出的对话框中单击 **ASIO Settings** 按钮，在出现的对话框中勾选麦克风，如图 8-3-11 所示。

图 8-3-11 默认音频硬件设置

（3）在时间线上选中 Audio1 轨道，在"Audio Mixer"（音频混音器）面板中单击激活录音轨道按钮 🎤，设自动控制模式为"write"，单击面板底部的激活录音按钮 ◎，再单击面板底部的播放按钮 ▶开始录音，录制结束后单击停止按钮 ■停止录音，如图 8-3-4 所示。此时 Audio1 上将出现录制的音频素材，该音频也会自动出现在"Project"（项目）窗口中。

通过此方法将角色对白录制完成。将录制的声音进行剪辑，输出保存为不同的音频文件。对白可根据画面内容自行创意,也可以采用本任务的对白。在录制前需仔细观摩角色,把握好声音的语气和节奏。

2. 画面与声音对位

(1) 启动 Premiere,新建项目"搞笑动物"。新建序列,单击标签 General,建立自定义大小序列。单击 Editing Mode(编辑模式)右侧的下拉按钮,选择"Desktop"。Timebase(时基)处选择"25Frame/Second"(25 帧/秒)。Frame Size(帧画面尺寸)设为"320×240"。Pixel Aspect Ratio(像素宽高比)设为"Square Pixels(1.0)"(方形像素)。Fields(场)设置为"No Fields"。其他参数如图 8-3-12 所示。

图 8-3-12　新建序列设置

(2) 双击项目窗口空白处导入所有文件。将视频"搞笑动物.mpg"拖到视频轨道 Video1 上。右击素材,在弹出菜单中选择"Unlink"命令,将视频、音频分开,删除音频。再分别将对白拖到与视频画面对应的音频轨道的位置上,将背景音乐拖到 Audio2 上,如图 8-3-13 所示。

图 8-3-13　时间线音频素材的排列

(3) 分别右击音频素材,在弹出菜单中选择"Audio Grain"命令调整增益,增益数值根据实际情况进行设定,这将把录制时音量偏低的声音提起来。

3. 利用"**Audio Mixer**"(音频混合器)进行混音

打开"Audio Mixer"(音频混合器),调整 Audio1、Audio2 两个音频轨道的音量对比,达到最佳效果。

4. 添加音频转场

在"Effects"(效果)面板中展开"Audio Transition"(音频切换)选项,将"Constant Power"(恒定电力)转场效果拖到背景音乐素材的开始和结束的地方。

5. 渲染输出

单击节目窗口中的播放按钮 ▶进行预览测试,测试完成后,选择菜单命令"File(文件)→Export(输出)→Media(媒体)"进行渲染输出。

本章小结

本章首先介绍了音频的一些基本概念,对音频的剪辑方法和音频转场进行了详细讲解。接下来介绍了常用的音频特效,并通过案例制作学会了应用音频特效。最后通过为短片录制对白讲解了调音台的使用方法,使得读者对音频的编辑技术有了较全面的认识。

课后练习

1. 捕捉生活中的一个场景,从网络上下载相关的音效素材,进行音频的合成,再现生活中的真实声音。

2. 利用 Premiere 的"Audio Mixer"(音频混合器)或 Windows 的录音机进行录音练习,朗诵一段文章或诗词。

输出与创建视频光盘

9.1 视频输出的形式及设置

9.1.1 学习目标

本节主要讲解利用 Premiere 的输出命令及参数设置进行多种影片形式的输出,以满足不同的应用需求。

9.1.2 相关知识

1. 设置输出参数

选择菜单命令"File(文件)→Export(输出)→Media(媒体)",进入"Export Setting"(输出设置)对话框,如图 9-1-1 所示。在此可对输出的相关参数进行设置。

图 9-1-1 输出设置对话框

- Format(格式)：设置输出的文件类型，如.avi、.mov、.mpg 等。
- Preset(预置)：下拉菜单中可以选择文件的制式或压缩编码方式。
- Commment：注解栏中可以输入文字注解。
- Output Name(输出名称)：可指定文件的保存路径和名称。
- Export Video(输出视频)：勾选后将输出视频。
- Export Audio(输出音频)：勾选后将输出音频。
- Summary(摘要)：显示有关输出的相关信息。

在对话框的左侧，可以对输出影片的画幅、输出时间进行设置。素材源范围 `Source Range:` 的下拉菜单可设置输出整个时间线，还是工作区域，也可以拖动滑块自定义一个输出范围。在"Source"标签下单击按钮 ⬜，画面周围出现控制柄，可设置输出画面的画幅范围。此外还可以在 `None ▾` 中选择屏幕比例。

在对话框的下方，具有多个标签，分别对 Filters(滤镜)、Multiplexer(多路复用器)、Video(视频)、Audio(音频)和 FTP 进行设置。由于输出的格式不同，标签的相关内容会发生变化。此处以输出 MPEG2 格式为例，对"Video"标签的 Basic Video Setting(基本视频设置)进行简单讲解。

- Codec：视频编解码器。
- Quality：输出质量。
- TV Standard：电视标准，指 NTSC 制式或 PAL 制式。
- Frame Width/ Frame Height：帧画面的宽度/高度，可以改变画面的输出尺寸。
- Frame Rate：帧速率。
- Field Order：场顺序。
- Pixel Aspect Ratio：像素宽高比。

2. 其他格式文件的输出

(1) 输出序列图片。选择菜单命令"File(文件)→Export(输出)→Media(媒体)"，在弹出的"Export Settings"对话框中 Format(格式)设为"Targa"，指定文件的保存路径和文件名，在 Video 标签下勾选 `Export As Sequence`，设置相关参数，单击"Export"按钮进行渲染输出。

(2) 输出单帧图片。将时间线指针停留在要输出的帧处，选择菜单命令"File(文件)→Export(输出)→Media(媒体)"，在弹出的"Export Settings"对话框中 Format(格式)设为"JPEG"，指定文件的保存路径和文件名，在 Video 标签下可设置输出的帧画面尺寸，单击"Export"按钮进行渲染输出。

(3) 输出音频文件。选择菜单命令"File(文件)→Export(输出)→Media(媒体)"，在弹出的"Export Settings"对话框中设置需要的音频文件类型为"MP3"，在 Audio 标签下设置相关参数，单击"Export"按钮进行渲染输出。

(4) 输出为 MPEG2-DVD 格式。选择菜单命令"File(文件)→Export(输出)→Media(媒体)"，在弹出的"Export Settings"对话框中 Format(格式)设为"MPEG2-DVD"，Preset 设为"PAL Progressive High Quality"，勾选"Export Video"和"Export Audio"，指定文件的保存路径和文件名，在 Video 标签下勾选 `Export As Sequence`，设置相关参数，单击"Export"按钮进行渲染输出。

3. 使用 Adobe Media Encoder 进行输出

Adobe Media Encoder 是一个相对独立的组件，可以配合 Adobe 其他制作软件的使用，也可以独立使用。其输出工作和 Premiere 的编辑工作可以并行，互不干扰。

Adobe Media Encoder 提供了特定的输出设置对话框以对应不同的输出格式。对每种格式，输出设置对话框中还提供了大量的预置参数，可以使用此预置功能，将设置好的参数保存起来或与他人共享参数设置。

单击菜单命令"File→Export→Media"，弹出"Export Setting"（输出设置）对话框，在 Format（格式）中选择所需的文件格式，在 Preset（预置）中选择一种预置的编码规格，或在下面各项设置栏中进行自定义设置；在 Output Name（输出名称）中设置文件存储的磁盘位置和文件名称。设置完毕后，单击 Export 按钮进行直接输出，而单击 Queue 按钮，自动调出"Adobe Media Encoder"对话框，设置好的项目会出现在输出列表中，如图 9-1-2 所示。

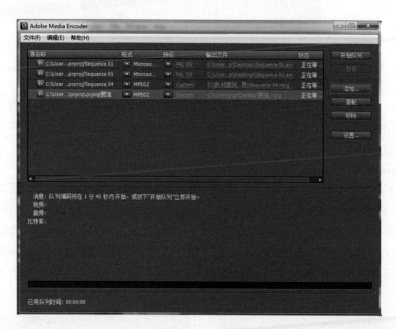

图 9-1-2 输出列表

也可以在"Adobe Media Encoder"对话框中单击"添加"按钮，指定要输出的项目文件的序列，这样在列表中就添加了该任务，单击"设置"按钮对输出格式进行设置。

当各种输出任务设置好后，单击"开始队列"按钮，便可以将序列按设置输出到指定的磁盘。

4. 输出到 DV 带

通过与计算机连接的录像机或具有录像功能的摄像机，可以将编辑好的影片输出到 DV 带中。

确认设备连接正确，装入一盘空 DV 带。使用菜单命令"File→Export→Export to Tape"，在弹出的输出"Export to Tape"（DV 带）对话框中输入设备控制及其他选项。设置完毕，单击"Record"按钮，即可将工作区域内的影片输出到 DV 带。

9.2 创建 DVD 光盘——《教材案例集锦》

9.2.1 学习目标

本节主要讲解如何将 Premiere 制作的序列输出到 Encore 和如何利用 Encore 制作具有交互控制菜单的 DVD。《教材案例集锦》最终效果如图 9-2-1 所示。

图 9-2-1 《教材案例集锦》最终效果

9.2.2 相关知识

Adobe Encore CS5 包含一整套丰富的制作工具，可以帮助用户制作电影、婚礼、培训课程、艺术作品收藏、商务演示等内容的 DVD，是制作功能完备、具有菜单显示的 DVD 最佳工具。

1. Encore 的项目创建与素材导入

启动 Encore 后，出现如图 9-2-2 所示的欢迎界面，其界面风格与 Premiere 相似。单击"New Project"（新建项目）则进入"New Project"（新建项目）对话框，如图 9-2-3 所示。在其中可以设置项目的 Name（名称）、Location（保存路径），Authoring Mode（创作模式）可选择是 DVD 还是 Blue-ray（蓝光影碟），还可以选择 Television Standard（电视标准）是 NTSC 或 PAL 制式。单击"Default Transcode Setting"按钮可进行默认编码设置。

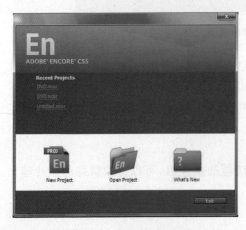

图 9-2-2 Encore 欢迎界面

图 9-2-3 "New Project"对话框

在 Encore 中导入素材有 5 种方式,这 5 种方式对应的 5 个命令均放在菜单"File(文件)→Import As(导入为)"文件夹中,分别是 Asset(资源)、Menu(菜单)、Timeline(时间线)、Pop-up Menu(弹出式菜单)和 Slideshow(幻灯演示)命令。

· Asset(资源):该命令可以导入 Encore 所支持的所有格式文件。

· Menu(菜单):该命令只能导入 PSD 格式的文件。由于 DVD 中的菜单其实就是一些图形按钮,因此在 Encore 中导入菜单前必须先在 Photoshop 中把菜单制作好,才可以导入到 Encore 中。要注意的是 Encore 可以直接导入 Photoshop 中的图层作为按钮使用。

· Timeline(时间线):该命令是将原始素材导入到时间线窗口中去,时间线窗口看上去非常简洁,只用一个视频轨道和音频轨道(默认情况下)。

· Pop-up Menu(弹出式菜单):该命令一般用的较少,这里不做介绍。

· Slideshow(幻灯演示):该命令可以导入常用的图片格式文件。

进入 Encore 中,其工作界面如图 9-2-4 所示。

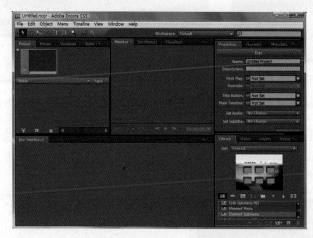

图 9-2-4　Encore 工作界面

2. 标记素材

选择菜单命令"File(文件)→Import As(导入为)→Timeline(时间线)",指定要导入的素材,则将素材导入到时间线上。拖动时间指针可以浏览素材。单击时间线左侧的 ![按钮] 按钮可以添加 Encore 章节标记,如图 9-2-5 所示。如果素材在 Premiere 中已经添加了 Encore 章节标记,可以将 Premiere 中的序列直接在 Encore 中作为素材来处理,其章节标记在 Encore 中能自动识别。

图 9-2-5　添加 Encore 章节标记

3. 从 Premiere 输出到 Encore 制作 DVD 的流程

从 Premiere 中将序列输出到 Encore 中,可以创建基于菜单的专业 DVD 或 Blue-ray(蓝光影碟)。其操作步骤如下。

（1）在 Premiere 的时间线上,选择欲输出到 DVD 或蓝光影碟的序列。

（2）添加标记,作为光盘中的章节点。将序列中的时间指针拖拽到欲设置章节点的位置,单击 Encore 章节标记按钮 ,则在时间线上的此位置添加一个 Encore 章节标记。继续添加,标出所有章节点,如图 9-2-6 所示。

（3）选择菜单命令"File→Adobe Dynamic Link→Send to Encore",自动启动 Encore,并调出"New Project"(新建项目)对话框,如图 9-2-3 所示。

（4）设置好项目属性后,单击"OK"按钮,载入 Premiere 中的序列作为素材,它们将自动插入到新建的时间线上,并能准确识别在 Premiere 中设置的 Encore 章节标记,如图 9-2-7 所示。还可以在 Encore 中继续导入素材,并添加到时间线上,其操作方法与 Premiere 相同。

图 9-2-6　添加 Encore 章节标记

图 9-2-7　导入后的 Encore 时间线

（5）在 Encore 界面右侧的"Library"面板中,双击选择预置菜单,如图 9-2-8 所示,可在"Menu Viewer"(菜单浏览器)面板中,利用文字工具对菜单文字进行设置,如图 9-2-9 所示。

图 9-2-8　"Library"面板

图 9-2-9　"Menu Viewer"面板

选择菜单命令"Edit→Edit Menu In Photoshop"或在工具栏中单击在 Photoshop 中编辑菜单按钮 ,可以在 Photoshop 中编辑当前菜单。用户还可以在 Photoshop 中直接创建菜单。

（6）在"Menu Viewer"(菜单浏览器)面板中,单击画面中的菜单按钮,并在"Properties"(属性)面板中,单击 Link 右侧的按钮,为其设置链接,从而设置菜单导航,如图

9-2-10 所示。

图 9-2-10 设置菜单导航

（7）完成项目后，可以通过项目预览功能对项目进行预览。选择菜单命令"File→Preview"，或在工具栏中单击预览按钮  ，弹出"Project Preview"（项目预览）对话框，如图 9-2-11 所示。在其中可以通过模拟遥控器，预览项目在刻录完成后在播放机上进行播放的情况。

（8）对于比较复杂的项目，在刻录之前，应该通过检查功能对连接技术进行检查。选择菜单命令"File→Check Project"或"Window→Check Project"。还可以在"Build"（建立）面板中单击"Check Project"按钮，弹出"Check Project"（检查项目）面板，在其中勾选无需进行检查的选项，单击"Start"按钮开始检查。检查完毕后，会列出找到的所有问题。双击一个问题可以将其打开并进行修正。修正完所有问题，再检查一遍，以确保项目中不存在技术问题。

（9）检查完毕后，就可以进行刻录了。使用菜单命令"File→Build"，调出"Build"（建立）面板，如图 9-2-12 所示。在 Format 下拉列表中选择刻录光盘的格式。在 Output 下拉列表中选择直接刻录光盘（DVD Disc），将编码过的文件进行打包（Folder）或先生成一个ISO 光盘映像文件（Image），准备日后用刻录软件进行刻录。等设置好各个选项后，单击"Build"按钮，开始刻录。刻录完毕，自动弹出光盘。

图 9-2-11　预览项目

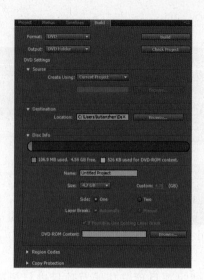

图 9-2-12　"Build"面板

9.2.3　任务实施

1. 项目创建与素材导入

（1）在 Premiere 中新建项目，命名为"DVD"，在"New Sequence"（新建序列）对话框中，单击左侧的 DV - PAL 下的 Standard 48kHz，选择顶部的 General 标签，单击 Editing Mode（编辑模式）右侧的下拉按钮，选择"Desktop"。Timebase（时基）处选择"25Frame/Second"（25 帧/秒），Frame Size（帧画面尺寸）设为"720×576"，Pixel Aspect Ratio（像素宽高比）设为"Square Pixels（1.0）"（方形像素），Fields（场）设置为"No Fields"。新建序列名称为"DVD"，单击"OK"按钮进入 Premiere CS5。

（2）双击项目窗口的空白处，在弹出的"Import"（导入）对话框中将文件夹"DVD"的所有素材全部选中，将素材导入到项目窗口中。

（3）将所有素材拖到时间线上，按 PgDn 将时间指针跳到第 1、2 个素材片段的连接处，单击 Encore 章节标记按钮，则在时间线上的此位置添加一个 Encore 章节标记。继续在第 2、3 个素材之间、第 3、4 个素材之间添加 Encore 章节标记，如图 9-2-13 所示。

图 9-2-13　添加 Encore 章节标记

（4）选择菜单命令"File→Adobe Dynamic Link→Send to Encore"，自动启动 Encore，并弹出"New Project"（新建项目）对话框，输入项目名称为"教学案例 DVD"，Authoring Mode（创作模式）为"DVD"，Television Standard（电视制式）为"PAL"，如图

9-2-14 所示。单击"OK"按钮,于是系统载入 Premiere 中的序列作为素材,将它们自动插入到新建的时间线上,并且显示在 Premiere 中设置的 Encore 章节标记。进入 Encore 软件后的界面如图 9-2-15 所示。

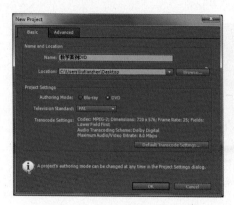 

图 9-2-14　Encore 的新建项目设置　　　　图 9-2-15　Encore 软件界面

2. 制作 DVD 菜单

(1) 在 Encore 中单击"Project"(项目)面板旁边的"Menus"(菜单)面板将其打开。"Menus"(菜单)面板是专门用来显示 DVD 中菜单文件的地方,在"Project"(项目)面板中导入菜单文件的方法是在空白处右击,选择菜单命令"Import As(导入为)→Menu(菜单)",然后选择要导入的菜单文件即可。菜单也可以使用 Encore 自带的菜单模板。

(2) 在右下角的"Library"(资源库)面板中单击开关菜单显示按钮，如图 9-2-16 所示,打开 Encore 自带的菜单模板,双击"Radiant Submenu WIDE"模板,将菜单添加到项目面板中,如图 9-2-17 所示。

图 9-2-16　单击开关菜单显示按钮　　　　图 9-2-17　菜单添加到项目面板

在"Project"（项目）面板中右击菜单名，在弹出菜单中选择"Rename"（重命名）命令，将名称改为"主菜单"。右击"主菜单"，在弹出菜单中选择"Set As First Play"（设置为首先播放）命令，这时项目面板中主菜单的图标上有一个白色的小三角按钮。这表示在播放时它将作为第一个菜单显示，如图 9-2-18 所示。

图 9-2-18　将菜单设为主菜单

（3）在工具栏中单击文本工具 **T**，在"主菜单"面板中的文字"Standard alliance"上单击，修改文字为"教材案例集锦"。使用直接选择工具 单击旁边的副标题，按Delete 键删除。

默认的标题文字其字体和颜色可能会有不满意的地方，可在右侧的"Character"（字符）面板中设字体为"LiSu"（隶书），字号为"60"，如图 9-2-19 所示。

图 9-2-19　字体设置

（4）在主菜单中选择 SCENCE1 图标，在右侧的"Properties"（属性）面板中拖动Link（链接）右侧的 按钮至时间线开始处的第一个标记点，则 Link（链接）右侧的文本框中显示指定的章节标记，如图 9-2-20 所示。

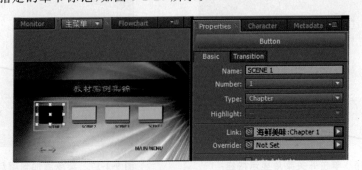

图 9-2-20　添加链接

使用相同的操作方法,选中主菜单中的 SCENCE2 图标,拖动 Link(链接)按钮右边的  按钮至时间线上第 2 个标记。选中主菜单中的 SCENCE3 图标,拖动 Link(链接)按钮右边的 ⊙ 按钮至时间线上第 3 个标记。选中主菜单中的 SCENCE4 图标,拖动 Link(链接)按钮右边的 ⊙ 按钮至时间线上第 4 个标记。

(5)选择工具栏中的文本工具 **T**,分别修改主菜单中的 SCENCE1~SCENCE4 的文字为"海鲜美味"、"设计的艺术"、"动物世界"、"海底世界",修改完的主菜单如图 9-2-21 所示。

图 9-2-21　修改菜单文字

(6)单击工具栏上的预览按钮 ⊙预览制作效果,如图 9-2-22 所示,单击主菜单中的按钮,即可跳转到相应的画面。在项目预览窗口的底部是一个模拟的 DVD 遥控器,用户可以进行画面控制操作。

图 9-2-22　预览菜单

(7)播放预览 DVD 菜单时会发现,当选择的画面播完后,画面停止不动了。原因就是没有设置结束动作。结束动作对菜单而言,当画面出现菜单选择项时,如果用户不进行任何操作,默认情况是该菜单一直显示。而一旦设置了结束动作,这个动作就会自动发生。一般情况下不需要设置这个结束动作,不过也有例外的情况,比如这里就需要设置一个结束动作,当浏览结束后使画面回到主菜单。

(8)单击"主菜单"面板回到主菜单,在"Properties"(属性)面板中,将 End Action 的后面的 ⊙ 按钮拖放到项目面板中的"主菜单"上,如图 9-2-23 所示。这样当浏览结束后,会自动回到主菜单画面。删除画面中的文字"MAIN MENU"。

图 9-2-23　设置结束动作

(9)至此整个 DVD 菜单制作完成。

3. 测试与刻录 DVD

(1)在最后刻录光盘之前,还有一项重要工作就是检查项目,以确保 DVD 菜单制作无误。选择菜单命令"File→Check Project",在弹出的"Check Project"对话框中,单击"Start"(开始)按钮,开始检查项目是否有误,如图 9-2-24 所示。

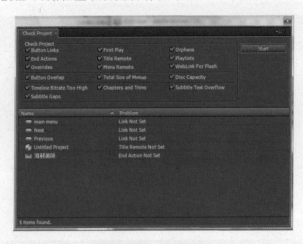

图 9-2-24　检查项目

(2)根据错误提示,回到编辑界面,有针对性地进行修改。

(3)再次检查项目,直到没有错误为止,最后就要刻录光盘。选择菜单命令"File(文件)→Build(建立)",设置 Format(格式)为"DVD",Output(输出)为"DVD Disc"(DVD 光盘)。创建使用为当前项目,在 Distination(目标)选项组中设置刻录机所在的盘符位置。选择写入速度为 22x;设置光盘名称"教材案例集锦"。其他选项保持默认,如图 9-2-25 所示，单击"Built"按钮开始刻录。

图 9-2-25　刻录光盘设置

本章小结

本章首先讲解了 Premiere 的输出命令及参数设置，进行多种影片形式的输出，之后讲解利用 Adobe Media Encoder 输出多种格式的视频，并且能输出到 DV 带。最后讲解了利用 Encore 制作具有交互控制菜单的 DVD。

课后练习

1. 利用图片素材制作一个影视短片，尝试使用多种输出格式进行输出。
2. 将第 1 题制作的短片创建刻录成具有交互菜单的 DVD。

综合篇

制作旅游风光片——《魅力青岛》

10.1　学习目标

本章利用已有的部分青岛城市名胜风光的介绍素材,通过 Premiere CS5 的加工形成较为系统的且符合自身需要的旅游风光短片,先整体后具体,展示青岛作为旅游城市的独特魅力。

通过对素材的剪辑、转场的添加、背景音乐的添加,文字的修饰等将整部片子分成几大模块处理,让观赏者条理清晰地欣赏青岛。

10.2　效果展示

《魅力青岛》最终效果如图 10-2-1 所示。

图 10-2-1　《魅力青岛》最终效果

10.3　任务实施

10.3.1　剪辑素材

(1) 启动 Premiere CS5 软件,新建项目"魅力青岛",在弹出的"New Sequence"(新建序列)对话框中,单击左侧的 DV － PAL 下的 Standard 48kHz,序列名称为"Sequence01"。单击"OK"按钮进入 Premiere 的工作界面,如图 10-3-1 和图 10-3-2 所示。

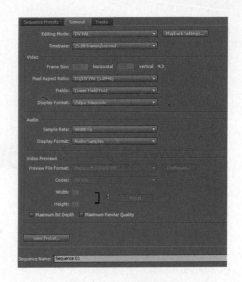

图 10-3-1 新建项目"魅力青岛"　　　　　　　　**图 10-3-2 新建序列**

（2）双击项目窗口的空白处，在弹出的"Import"对话框中选择需要导入的视频素材，单击"打开"按钮，将选择的素材导入到项目窗口中，如图 10-3-3 所示。

图 10-3-3 导入视频素材

（3）在项目窗口中按住 Shift 或 Ctrl 键，从上到下依次选择所有视频素材，然后按住鼠标左键，将其拖放到时间线的 Video1 轨道中，如图 10-3-4 所示。

图 10-3-4 添加视频素材到视频轨道

（4）在轨道 Audio1 中右击素材，从弹出的快捷菜单中选择"Unlink"（拆分）命令，将素材的视音频分离，然后选择音频部分，按 Delete 键将其删除，如图10-3-5所示。

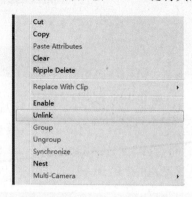

图 10-3-5　解除视音频链接

（5）用同样的方法，将轨道 Video 1 中其他带有音频的视频素材进行视音频分离，并分别删除音频部分，同时剪辑素材的播放顺序及内容，如图 10-3-6 所示。

图 10-3-6　音视频分离效果

（6）调整好每个剪辑的素材尺寸，使其保持统一大小，如图 10-3-7 所示。

图 10-3-7　调整素材大小

10.3.2　添加转场

（1）在"Effects"（效果）面板中，展开"Video Transitions"（视频特效）下的"3D Motion"（3D 运动）子文件夹，将其中的 Spin 转场效果拖放到轨道 Video 1 中的两个素材之间，如图 10-3-8 所示。

图 10-3-8　添加视频转场

（2）在时间线上双击转场图标，在"Effect Controls"（效果控制）面板中可以看到这个转场的相关信息，设持续时间为 2s，并选中"Show Actual Sources"复选框，这样就可以看到实际素材之间的转场效果，如图 10-3-9 所示。

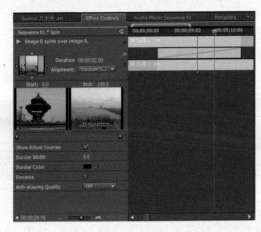

图 10-3-9　设置 Spin 转场

（3）在"Effect Controls"（效果控制）面板中，单击右上角的  按钮可以隐藏这两段素材和转场的时间线显示。在 Alignment（对齐方式）之后可以选择转场在两段素材之间的对齐方式，这里选择对齐方式为"End at Cut"，如图 10-3-10 所示。

图 10-3-10　转场的对齐方式

（4）在"Effect Controls"（效果控制）面板中右部的转场时间线图示中，可以用鼠标指针在转场图示的两端更改长度，在中间也可以自定义开始点对齐，如图 10-3-11 所示。

（5）拖动时间线查看转场效果。用同样的方法，为"青岛简介.avi"和"八大关.avi"素材添加 Swing In 转场，如图 10-3-12 所示。

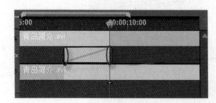

图 10-3-11　调整转场长度

图 10-3-12　添加 Swing In 转场

（6）为素材"八大关.avi"与"崂山.avi"之间添加 Swing Out 转场，如图10-3-13所示。

（7）为素材"崂山.avi"与"小青岛.avi"之间添加 Spin Away 转场，在其余几个视频之间依次添加转场效果，如图 10-3-14 所示。

图 10-3-13　添加 Swing Out 转场

图 10-3-14　添加 Spin Away 转场

10.3.3　添加字幕及背景音乐

（1）选择菜单命令"Title→New Title→Default Still"，弹出"New Title"对话框，单击"OK"按钮打开字幕创建对话框，如图 10-3-15 所示。

图 10-3-15　新建字幕

（2）在字幕面板中，用矩形工具在屏幕的上下方做黑色遮幅，从而形成宽银幕的效果，如图10-3-16所示。

图 10-3-16　绘制黑色遮幅制作宽银幕效果

（3）将新创建的字幕"上下遮幅"拖放到Video 3轨道开始处，并拖放字幕尾部与轨道Video 1素材齐长，如图10-3-17所示。

图 10-3-17　插入遮幅效果

（4）新建字幕，命名为"魅力青岛"，单击"OK"按钮进入字幕面板。

（5）在字幕面板中，用文字工具 **T** 输入文字"魅力青岛"，选中文字，单击字幕面板下部的字体样式"CaslonPro Slant Blue70"，应用该字体样式，在右侧的属性栏设置字体为"STXingkai"。设置完成后单击"关闭"按钮，如图10-3-18所示。

图 10-3-18　编辑片首文字

（6）将字幕"魅力青岛"拖放到轨道Video 2上，设置其入点和出点分别为"00：00：00：00"和"00：00：07：07"，如图10-3-19所示。

图 10-3-19　添加片首文字

（7）为时间线上每一段视频制作说明文字。新建字幕，命名为"八大关"，在字幕面板中，用文字工具 **T** 在左上角输入"青岛风光"，选中该文字，单击字符样式"Caslon Red 84"，设置字体为华文彩云，字号为"41"。在下方居中位置输入"八大关风景区"。选中文字，应用字符样式"Caslon Red 84"，设置字体为新魏，字号为"34"。

（8）在字符面板中的左上部，单击 **▣** 按钮新建字幕，命名为"崂山风景区"，在字幕面板中，用文字工具 **T** 选中底部的文字，输入"崂山风景区"，将原先的文字进行替换。这种建立字幕的方法可以保留原有字幕的属性，不必重新进行设置。

（9）重复步骤（8），多次新建字幕，分别将底部的文字更改为"小青岛风景区"、"湛山寺风景区"、"鲁迅公园风景区"、"夜色青岛"。

（10）分别将建好的字幕拖到轨道 Video4 上，其入点、出点与相应的视频保持一致。如图 10-3-20 和图 10-3-21 所示。

图 10-3-20　编辑景区标注文字

图 10-3-21　添加景区标注文字

(11) 导入音频素材文件"背景音乐及简介.mp3"，将其插入到音频轨 Audio1 中，根据视频的节奏适当调整声音的大小，如图 10-3-22 所示。

图 10-3-22　制作背景音乐

10.3.4　测试和渲染输出

单击节目窗口中的播放按钮进行测试，测试结束后，选择菜单命令"File→Export→Media"设置相应的参数后进行渲染输出。

本章小结

制作本章青岛风光的短片，首先要针对已有的素材进行剪辑加工，删减不需要的内容，然后排列内容的播放顺序，其次为素材转场添加、制作片首字幕和片中文字，以及背景音乐的添加使用，最后生成影片输出。

课后练习

项目：搜集素材，制作所在地的旅游风光短片。
任务要求：
(1) 片头文字静态、动态皆可，但要与背景画面协调，且有醒目的主题。
(2) 素材剪辑的内容要合乎背景音乐的节奏，特效的应用搭配合理。
(3) 短片选用 PAL 制，样式及时间不限。
(4) 短片要配有简短的语音和字幕介绍。

制作儿童电子相册——《MY BABY》

11.1 学习目标

本章通过制作儿童相册,学习了 Photoshop 文件分层导入、关键帧动画的设置、不同视频特效的应用、字幕的制作等知识。

11.2 效果展示

《MY BABY》最终效果如图 11-2-1 所示。

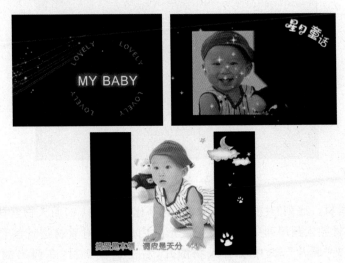

图 11-2-1 《MY BABY》最终效果

11.3 任务实施

11.3.1 相册字幕

相册字幕效果如图 11-3-1 所示。

图 11-3-1   相册字幕效果

1. 新建项目、序列、导入素材

（1）启动 Premiere CS5，新建项目"儿童相册"，在"New Sequence"（新建序列）对话框中，单击左侧的 DV —PAL 下的 Standard 48kHz。序列名称为"片头字幕"，单击"OK"按钮进入 Premiere 的工作界面。

（2）双击项目窗口的空白处，选择文件夹"照片"，单击按钮 Import Folder ，将素材以文件夹的形式导入进来。再次双击项目窗口空白处导入"baobao. psd"，在导入分层文件对话框中选择"Individual Layers"（单独层）选项，并且单击右侧的"Select All"按钮，选择所有的层，如图 11-3-2 所示。

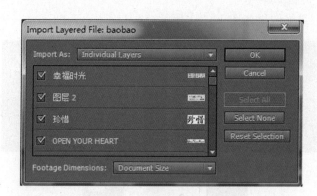

图 11-3-2   导入"baobao. psd"

（3）解释素材。序列"片头字幕"的像素宽高比是 1.094 0，而人物素材的像素宽高比是 1.0，当素材导入到序列中时会发生变形。因此需要对素材进行解释。在项目窗口中展开文件夹"照片"，选中所有人物图片，右击这些素材，在弹出的菜单中选择"Modify（修改）→Interprer Footage（解释素材）"命令，弹出"Modify Clip"（修改素材片段）对话框，在 Pixel Aspect Radio（像素宽高比）栏中设置 Conform to 为"D1/DV PAL（1.094 0）"。采用同样的操作，将项目窗口中"baobao"文件夹下的所有素材进行解释，指定其像素宽高比为"D1/DV PAL（1.094 0）"。这样导入的所有素材就恢复正常显示了。

2. 在时间线上编辑素材

（1）在项目窗口中展开"baobao"文件夹，将素材"点点"和"LOVELY 副本 2"分别放在 Video1 和 Video3 上，如图 11-3-3 所示。将时间线指针移到第 0 帧，选中素材

"LOVELY 副本 2",在"Effect Controls"(效果控制)面板中启动 Rotate(旋转)和 Opacity(不透明度)关键帧,设其数值均为"0"。将时间线指针移到 `00:00:02:13` 处,设 Opacity(不透明度)为"100％"。将时间线指针移到素材的末尾,设 Rotate(旋转)的数值为"60°",如图 11-3-4 所示。于是制作了文字淡入旋转的效果。

图 11-3-3　时间线放置素材

图 11-3-4　设置关键帧

(2) 新建字幕。选择菜单命令"Title→New Title→Default Still",新建字幕,命名为"MY BABY"。在打开的字幕面板中,用文字工具输入文字"MY BABY",文字样式选择"Tektonpro White34",字体为"Ravie",勾选"Shadow"(投影),阴影的颜色为 RGB (189,22,144),如图 11-3-5 所示。

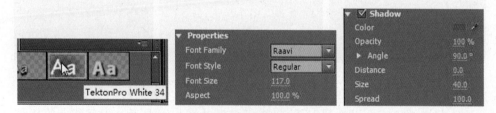

图 11-3-5　设置字幕属性

(3) 将字幕拖入轨道 Video2 中,调整文字位置,效果如图 11-3-1 所示,时间线如图 11-3-6 所示。字幕制作完毕。

图 11-3-6　时间线排列素材

11.3.2 星星效果

星星效果如图 11-3-7 所示。

图 11-3-7　星星效果

1. 新建序列

选择菜单命令"File→New→Sequence"，在"New Sequence"（新建序列）对话框中，单击左侧的 DV-PAL 下的 Standard 48kHz。序列名称为"星星"。

2. 在时间线上编辑素材

（1）在项目窗口中展开"baobao"文件夹，将素材"星星"、"星月童话"分别拖到轨道 Video3 和 Video2，调整其位置和大小，如图 11-3-8 所示。

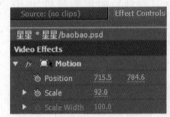

图 11-3-8　参数设置及效果

（2）将素材"041.jpg"拖到 Video1 中，调整素材出点，使图片在时间线上的长度为 2s。在"Effects"（效果）面板中展开"Video Effects"（视频特效）文件夹，将"Transition"子文件夹下的 Radial Wipe（径向擦除）特效拖到该素材上。

将时间线指针移到第 0 帧，选中该素材，在"Effect Controls"（效果控制）面板中启动 Scale（比例）和 Opactiy（不透明度）关键帧，设数值均为 0。展开 Radial Wipe（径向擦除）特效，启动 Transition Completion（转换完成）关键帧，设数值为"100％"，设 Feather（羽化）为"80％"，如图 11-3-9 左图所示。

将时间线指针移到 00：00：00：08 处，设 Scale 为"20"，Opactiy（不透明度）为"100％"。Transition Completion 为"0％"，如图 11-3-9 右图所示。这样就制作了图片逐渐由小变大淡入、画面逐渐圆形擦除显示出来的效果。

（3）分别将照片"003.jpg"、"008.jpg"、"009.jpg"、"017.jpg"、"020.jpg"，拖到时间线轨道 Video1 中，调整素材出点，使图片在时间线上的长度为 2s。

选中素材片段"041jpg"，按 Ctrl＋C 进行复制，选中素材"003.jpg"，按 Ctrl＋Alt＋V 进行属性粘贴，这样第一个照片"041.jpg"的所有属性被复制到素材"003.jpg"上。

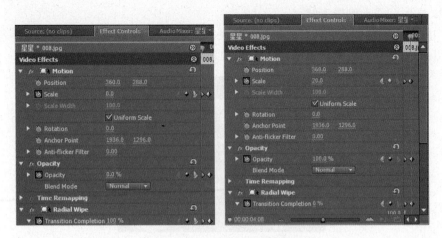

图 11-3-9　设置关键帧参数

同样的道理，分别将属性复制粘贴到其他的照片上。时间线排列如图 11-3-10 所示。效果如图 11-3-7 所示。

图 11-3-10　时间线排列素材

11.3.3　花朵效果

花朵效果如图 11-3-11 所示。

图 11-3-11　花朵效果

1. 新建序列

选择菜单命令"File→New→Sequence"，在"New Sequence"（新建序列）对话框中，单击左侧的 DV-PAL 下的 Standard 48kHz。序列名称为"花"。

2. 在时间线上编辑素材

（1）在项目窗口中展开"baobao"文件夹，将素材"花"、"像花儿一样"分别导入到轨道 Video3 和 Video2，调整大小，如图 11-3-12 所示。

图 11-3-12　素材效果

（2）将素材"035.jpg"放入 Video1 中，调整素材出点，使图片在时间线上的长度为 2s。在"Effects"（效果）面板中展开"Video Effects"（视频特效）文件夹，将"Perspective"子文件夹下的 Basic 3D（基本 3D）特效拖到该素材上。

将时间线指针移到第 0 帧，选中该素材，在"Effect Controls"（效果控制）面板中启动 Opactiy（不透明度）关键帧，设数值为"0％"。展开 Basic 3D（基本 3D）特效，设 Swivel（水平翻转）为"100°"，Tilt（垂直翻转）为"50°"。启动这两个参数关键帧。

将时间线指针移到 00:00:00:03 处，设 Opactiy（不透明度）为"100％。"

将时间线指针移到 00:00:00:23 处，设 Swivel（水平翻转）和 Tilt（垂直翻转）的数值均为"0°"。

将时间线指针移到 00:00:01:07 处，单击添加／删除关键帧按钮 ■，添加关键帧。此时 Opactiy（不透明度）的值为"100％"。

将时间线指针移到 00:00:01:11 处，设 Opactiy（不透明度）为"0％"，如图 11-3-13 所示。这样就制作了图片三维翻转着淡入、然后逐渐消失的效果。

图 11-3-13　关键帧设置

（3）分别将照片"032.jpg"、"028.jpg"、"035.jpg"拖到时间线轨道 Video1 中，调整素材出点，使图片在时间线上的长度为 2s。

选中素材片段"035.jpg"，按 Ctrl＋C 进行复制，选中素材"032.jpg"，按 Ctrl＋Alt＋V 进行属性粘贴，这样第一个照片"035.jpg"的所有属性被复制到素材"032.jpg"上。同样的道理，分别将属性复制粘贴到其他的照片上，如图 11-3-14 所示。

图 11-3-14　时间线排列素材及效果

11.3.4　月亮效果

月亮效果如图 11-3-15 所示。

图 11-3-15　月亮效果

1. 新建序列

选择菜单命令"File→New→Sequence",在"New Sequence"(新建序列)对话框中,单击左侧的 DV-PAL 下的 Standard 48kHz。序列名称为"月亮"。

2. 在时间线上编辑素材

(1) 选择菜单命令"Squence→Add Tracks",在弹出的对话框中,选择视频轨道为"1",音频为"0",添加一个轨道 Video4。

(2) 在项目窗口中展开"baobao"文件夹,将素材"脚印"、"捣蛋是本领,调皮是天分"、"顽皮宝贝"、"云星"、"ONLY YOU"和照片"034"、"027"拖到时间线上,将素材"脚印"和"云星"的持续时间设为 4s,其他的素材持续时间设为 2s,如图 11-3-16 所示。

图 11-3-16　时间线排列素材

（3）在"Effects"（效果）面板中展开"Video Effects"（视频特效）文件夹，将"Distort"子文件夹下的 Spherize（球形化）特效拖到该素材"034"上。

将时间线指针移到第 0 帧，选中该素材，在"Effect Controls"（效果控制）面板中启动 Opactiy（不透明度）关键帧，设数值为"0%"。展开 Spherize（球形化）特效，设 Center of Spherize（球中心点）为（1 104.2，1 975.7），设 Radius（半径）为"2 500"。启动 Radius 关键帧。

将时间线指针移到 00：00：00：05 处，设 Opactiy（不透明度）为"100%"。

将时间线指针移到 00：00：00：08 处，设 Radius（半径）为"0"。

将时间线指针移到 00：00：01：14 处，单击添加/删除关键帧按钮 ，添加关键帧。此时 Opactiy（不透明度）的值为"100%"。

将时间线指针移到 00：00：02：00 处，设 Opactiy（不透明度）为"0%"，如图 11-3-17 所示。这样就制作了图片在球形变形的情况下淡入，然后球形变小消失后逐渐淡出的效果。

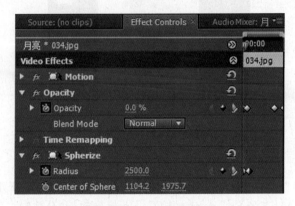

图 11-3-17　关键帧设置

（4）选中素材片段"034.jpg"，按 Ctrl＋C 进行复制，选中素材"027.jpg"，按 Ctrl＋Alt＋V 进行属性粘贴。

（5）为 Video3 的文字设置 Opactiy（不透明度）的关键帧动画，制作简单的淡入淡出效果，如图 11-3-18 所示。

图 11-3-18　时间线排列效果

11.3.5 整合视频

（1）选择菜单命令"File→New→Sequence"，在"New Sequence"（新建序列）对话框中，单击左侧的 DV-PAL 下的 Standard 48kHz。序列名称为"总"。

（2）在项目窗口中将素材"片头字幕"、"星星"、"花"、"月亮"拖到"总"轨道 Video1 上，此时在音频文件的轨道上，会出现音频文件，按住 Alt 键单击音频轨道上的文件，选中音频，按 Delete 键进行删除。采用相同的操作，将其他音频进行删除，如图 11-3-19 所示。

图 11-3-19　时间线素材排列

（3）在项目窗口中将音频文件"爱拉拉"拖到 Audio1 上。选中该音频素材，在"Effect Controls"（效果控制）面板中展开 Volume（音量）属性，将时间线指针移到 00：00：27：01 处，当画面出现"ONLY YOU"时，添加 Level 关键帧；将时间线指针移到 00：00：30：02 处，将 Level 设为最小值"-287，5"，制作声音淡出的效果，如图 11-3-20 所示。

图 11-3-20　对音频进行处理

这样，整个儿童相册效果制作完毕，保存文件，输出欣赏。

本章小结

本章综合讲解了儿童电子相册中常用的一些技巧，将 Photoshop 处理的修饰元素、视频特效和字幕有效地结合起来，制作出欢快活泼的动感效果。同时充分应用了关键帧设置淡入淡出的效果，使得画面的过渡较为柔和。

课后练习

搜集个人生活中的一些照片制作一个电子相册。

12

制作婚纱电子相册——《如果·爱》

12.1　学习目标

本章将通过对 7 个素材的分别制作，学会如何添加字幕，如何添加转场效果、如何修改色彩和进行调色等知识，掌握对带有通道的序列图片进行叠加和动画处理的方法。

12.2　效果展示

《如果·爱》最终效果如图 12-2-1 所示。

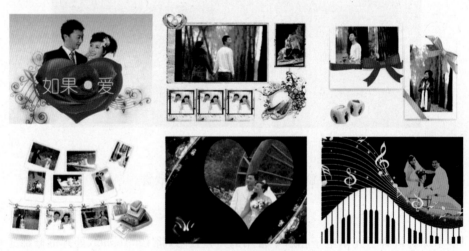

图 12-2-1　《如果·爱》最终效果

12.3　任务实施

在制作婚纱电子相册之前，我们需要将所要准备的素材在 Photoshop 中进行处理。在此我们需要制作 7 个分镜效果予以展示，并将所要使用到的素材分别放置在相应的文件夹中，最后合并渲染。

12.3.1 相册字幕

相册字幕最终效果如图 12-3-1 所示。

图 12-3-1 相册字幕最终效果

1. 素材的导入

新建项目"wedding1",在弹出的"New Sequence"(新建序列)对话框中,单击左侧的 DV-PAL 下的 Standard 48kHz。序列名称为"zong1"。双击项目窗口的空白处将素材"1 副本.jpg"和"rose.png"导入到项目窗口中。

2. 制作玫瑰花下落动画

(1) 将素材"1 副本.jpg"拖到视频轨道 Video 上,调整素材的出点在时间线第 5 秒处。选中该素材,在"Effect Controls"(效果控制)面板中设置素材的 Scale(比例)为"25%",单击轨道 Video1 的锁定按钮 🔒 锁定该轨道,如图 12-3-2 所示。

图 12-3-2 锁定轨道 Video1

仔细观察画面会发现,人物发生了变形,变瘦了。这是因为人物素材的像素宽高比是 1.0,而所在序列的像素宽高比是 1.094 0,因此图像出现变形。需要对素材进行解释。右击人物素材,在弹出的菜单中选择"Modify(修改)→Interprer Footage(解释素材)"命令,弹出"Modify Clip"(修改素材片段)对话框,在 Pixel Aspect Radio(像素宽高比)栏中设置 Conform to 为"D1/DV PAL(1.094 0)"。变形的素材就正常了。

(2) 将素材"rose.png"拖到轨道 Video2 上,在"Effects"(效果)面板中,展开"Video Effects"(视频特效),在"Transition"子文件夹下找到 Gradient Wipe(渐变擦除)特效,将其拖到素材"rose.png"上。选中该素材,在"Effect Controls"(效果控制)面板中调整素材"rose.png"的 Position(位置)为(132.4,127.1),Scale(比例)为"27.6%",Rotation

（旋转）为"28°"，启动 Position（位置）和 Rotation（旋转）关键帧。展开 Gradient Wipe（渐变擦除）特效，启动 Transition Completion（转换完成）关键帧，如图 12-3-3 所示。

（3）将时间线指针移到 **00:00:00:24** 处，设置 Position（位置）为(154.4,450.1)，Rotation（旋转）为"−68°"，Transition Completion（转换完成）的数值为"100％"。这样就制作了玫瑰花在下落的同时擦除消失的效果，如图 12-3-4 所示。

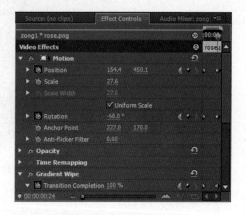

图 12-3-3　设置初始参数　　　　　　图 12-3-4　设置结束参数

（4）右击视频轨道名称，在弹出的菜单中选择"Add Tracks"（添加轨道）命令，在弹出的对话框中，设视频轨道为"4"，音频为"0"。这样添加 4 个视频轨道。

（5）将玫瑰花素材分别拖入到 4 个视频轨道当中，调整素材在时间线上的长度，如图 12-3-5 所示。在节目窗口中调整玫瑰花的位置。

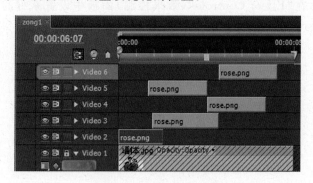

图 12-3-5　添加视频轨道

重复步骤（2）、（3），分别为它们制作玫瑰花下落擦除的动画。下落的位置和方向要有所不同，这样就有了玫瑰花交替下落消失的效果。

3.制作字幕动画

（1）选择菜单命令"Title→New Title→Default Still"，新建字幕，字幕命名为"如果爱"。在字幕面板中，用文字工具 **T** 输入文字"如果·爱"。选中文字，在字幕面板下侧选择字体样式为"Caslon Red 84"。在面板右侧的属性中设置 Position 为(400,430)，字体为"YouYuan"（幼圆），Size（字号）为"78.5"，勾选"Shadow"（阴影），如图 12-3-6 所示。关闭字幕面板。

图 12-3-6　设置文字属性

（2）将字幕素材拖到轨道 Video7 上，在"Effects"（效果）面板中，将"Video Effects"（视频特效）下的"Perspective"（透视）子文件夹中的 Basic 3D 特效拖到字幕素材上。在"Effect Controls"（效果控制）面板中展开 Basic 3D 特效，设置Swivel的数值为 500（系统会显示为"1×140.0°"），Distance to image 的数值为"500"。启动 Swivel 和 Distance to image 关键帧。将时间线指针移到 00:00:02:21 处，将这两个参数分别设置为"0"，如图 12-3-7 所示。制作文字由远及近不断翻转变大的动画效果。

字幕效果制作完毕，保存文件。时间线如图 12-3-8 所示。

图 12-3-7　Basic 3D 特效

图 12-3-8　时间线素材排列

12.3.2　照片替换特效

照片替换效果如图 12-3-9 所示。

1. 素材的导入

（1）新建项目，命名为"wedding2"，在弹出的"New Sequence"（新建序列）对话框中，单击左侧的 DV-PAL 下的 Standard 48kHz。序列名称为"zong2"。

双击项目窗口的空白处，找到素材"2.psd"，进行导入。在弹出的分层导入文件对话框中，选择 Merge Layers（合并层）的方式，在下面列出的层中取消勾选"戒指"、"大

图 12-3-9　照片替换效果

图"两个图层,如图 12-3-10 所示。单击"OK"按钮,便将"2.psd"文件中除了取消的两个层以外的所有层进行合并,以一个文件的形式导入进来,此时项目窗口中出现了素材"2.psd"。

再次双击项目窗口的空白处,找到素材"2.psd",进行导入。在弹出的分层导入文件对话框中,选择 Individual Layers(单独层)的方式,单击 Select None 按钮取消所有的图层,再勾选"戒指"、"大图"两个图层,如图 12-3-11 所示。单击 OK 按钮,便将"2.psd"文件中的这两个层以独立文件的形式导入进来。此时项目窗口中出现文件夹"2",展开该文件夹,便看到导入的两个素材。

双击项目窗口的空白处,将其他的图片全部导入进来。

图 12-3-10　合并层导入文件

图 12-3-11　分层导入文件

(2)解释素材。在项目窗口中展开文件夹"2",按 Shift 键选中所有的分层图片,右击素材,在弹出的菜单中选择"Modify(修改)→Interprer Footage(解释素材)"命令,弹出"Modify Clip"(修改素材片段)对话框,在 Pixel Aspect Radio(像素宽高比)栏中设置 Conform to 为"D1/DV PAL(1.094 0)"。

同样的操作,对素材"2.psd"和其他所有图片进行素材解释,像素宽高比解释为"D1/DV PAL(1.094 0)"。这样所有导入后变形的素材就恢复正常显示了。

2.在时间线上编辑素材

(1)将素材"2.psd"拖到轨道 Video1 上。选中该素材,在"Effect Controls"(效果控制)面板中调整 Scale(比例)的数值为"60"。这样背景画面就充满了屏幕,如图

12-3-12所示。

图 12-3-12　调整素材"2. psd"

（2）右击时间线轨道名称，在弹出的菜单中选择"Add Tracks"（添加轨道）命令，在弹出的对话框中设置视频轨道数量为"5"，音频轨道数量为"0"。

（3）在项目窗口中将素材"戒指"、"大图"及其他人物图片放在不同的轨道上，戒指放在最上面的轨道 Vidoe8 上，它在时间线上的长度为 6s。分别调整 Video2～Video7 几个轨道上素材在时间线上的入点、出点，使得每个素材的长度为 1s。将素材片段"2. psd"的出点调到第 6 秒处，与素材片段"戒指"的尾部对齐，如图 12-3-13 所示。

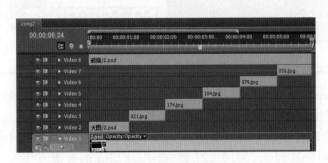

图 12-3-13　时间线排列素材

（4）在时间线上选中素材片段"大图"，在"Effect Controls"（效果控制）面板中设置其 Scale（比例）为"60"，此时图片位置正好压在黑色背景上。

（5）在时间线上选中图片"021. jpg"，在"Effect Controls"（效果控制）面板中设置其 Scale（比例）为"30"，Position（位置）为（292. 3，208. 2），如图 12-3-14 所示。

图 12-3-14　设置图片"021. jpg"的位置及比例参数

（6）选中图片"021.jpg"，按 Ctrl＋C 进行复制，再分别选择时间线上的其他图片，按 Ctrl＋Alt＋V 粘贴属性。于是其他几张图片的大小及位置则变得与"021.jpg"一样。

3.为每个照片添加转场效果

（1）将时间线指针移到 00：00：00：00 处，在"Effects"（效果）面板中展开"Video Effect"（视频特效），将"Blur&Sharpen"（模糊 & 锐化）子文件夹下的 Fast Blur(快速模糊)特效拖到 Video1 的素材片段"大图"上。选中该素材，在"Effect Controls"（效果控制）面板中，展开 Fast Blur 的属性，单击 Blurriness 前面的秒表按钮启动关键帧，设数值为"100"。将指针移到 00：00：00：21 处，设 Fast Blur 的数值为"0"。将指针移到 00：00：01：00 处，设 Fast Blur 的数值为"100"，如图 12-3-15 所示。于是制作出画面由模糊到清晰、最后又模糊的效果。

图 12-3-15　素材片段"大图"的处理效果

（2）在 Video3 中，再将"Blur&Sharpen"（模糊 & 锐化）子文件夹下的 Fast Blur（快速模糊)特效拖到素材片段"021.jpg"上。选中该素材，在"Effect Controls"（效果控制）面板中，展开 Fast Blur 的属性，单击 Blurriness 前面的秒表按钮启动关键帧，设数值为"100"。将指针移到 00：00：01：21 处，设 Fast Blur 的数值为"0"，如图 12-3-16 所示。于是制作出画面由模糊到清晰的效果。

图 12-3-16　素材片段"021.jpg"的处理效果

（3）将时间线指针移到 00：00：02：00 处，在"Effects"（效果）面板中展开"Video Effect"（视频特效），将"Distort"（扭曲）子文件夹下的 Turbulent Displace(漩涡替换)特效拖到 Video4 中的素材片段"174.jpg"上。选中该素材，在"Effect Controls"（效果控制）面板中，展开 Turbulent Displace 的属性，单击 Amount（数量）前的秒表启动关键帧，设数值为"200"。时间线指针移到 00：00：02：00 处，设数值为"0"，添加第 2 个关键帧,这样就创建漩涡效果,如图 12-3-17 所示。

图 12-3-17　素材片段"174.jpg"的处理效果

　　（4）将时间线指针移到 00:00:03:00 处,在 Video5 中为素材片段"104.jpg"添加 "Transition"（过渡）子文件夹下的 Block dissolve（色块溶解）特效。在"Effect Controls"（效果控制）面板中,启动参数 Transition Completion（转换完成）关键帧,设数值 为"80"。将时间线指针移到 00:00:03:05 处,设该参数为"0"。这样就创建了色块溶解 效果,如图 12-3-18 所示。

图 12-3-18　素材片段"104.jpg"的处理效果

　　（5）将时间线指针移到 00:00:04:00 处,在 Video6 中为素材片段"079.jpg"添加特 效"Transition"（过渡）子文件夹下的 Ventian Blinds（软百叶窗）特效。在"Effect Controls"（效果控制）面板中可设置 Direction（方向）、Width（宽度）、Feather（羽化）的数 值,更改百叶窗的效果（此参数在这里保持默认）。启动参数 Transition Completion（转 换完成）关键帧,设数值为"100"。将时间线指针移到 00:00:04:05 处,设该参数为"0"。 这样就创建了百叶窗效果,如图 12-3-19 所示。

图 12-3-19　素材片段"079.jpg"的处理效果

（6）将时间线指针移到 00:00:05:00 处，在 Video7 中为素材片段"056.jpg"添加特效"Transition"（过渡）子文件夹下的 Ventian Blinds（软百叶窗）特效。在"Effect Controls"（效果控制）面板中启动参数 Transition Completion（转换完成）关键帧，设数值为"100"。将时间线指针移到 00:00:05:05 处，设该参数为"0"。这样就创建了百叶窗效果，如图 12-3-20 所示。

图 12-3-20　素材片段"056.jpg"的处理效果

12.3.3　照片过渡特效

照片过渡效果如图 12-3-21 所示。

图 12-3-21　照片过渡效果

1. 素材的导入

（1）新建项目，命名为"wedding3"，在弹出的"New Sequence"（新建序列）对话框中，单击左侧的 DV-PAL 下的 Standard 48kHz。序列名称为"背景 3"。

双击项目窗口的空白处，找到素材"3.psd"，进行导入。在弹出的分层导入文件对话框中，选择 Individual Layers（单独层）的方式，单击"OK"按钮，此时项目窗口中出现文件夹"3"，展开该文件夹，便看到导入的分层素材。

双击项目窗口的空白处，将其他的图片全部导入进来。

（2）解释素材。在项目窗口中展开文件夹"3"，按 Shift 键选中所有的分层图片，右击素材，在弹出的菜单中选择"Modify（修改）→Interprer Footage（解释素材）"命令，弹出"Modify Clip"（修改素材片段）对话框，在 Pixel Aspect Radio（像素宽高比）栏中设置 Conform to 为"D1/DV PAL(1.094 0)"。

同样的操作，对其他所有图片进行素材解释，像素宽高比解释为 D1/DV PAL

（1.094 0）。这样所有导入后变形的素材就恢复正常显示了。

2．在时间线上编辑素材

（1）在项目窗口中展开文件夹"3"，将素材"背景"、"图层 1"分别拖到 Video1、Video2 上。素材在时间线上的持续时间为 5 秒，如图 12-3-22 所示。

图 12-3-22　时间线排列素材

（2）选择菜单命令"File→New→Sequence"新建序列，在弹出的"New Sequence"（新建序列）对话框中，单击左侧的 DV – PAL 下的 Standard 48kHz。序列名称为"zong3"。

（3）在项目窗口中将"背景 3"拖到 Video1 上。按住 Alt 键单击音频轨道上的素材，选中音频，按 Delete 键删除音频的文件。将文件夹"3"中的素材分别拖到视频轨道上，分别调整其入点、出点。长的素材持续时间为 5 秒，短的为 1 秒，如图 12-3-23 所示。

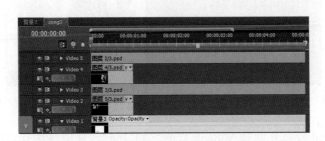

图 12-3-23　时间线排列素材

在时间线上再插入新的相片素材，短的图片持续时间为 1 秒，如图 12-3-24 所示。

图 12-3-24　时间线排列新素材

（4）接下来要在"Effect Controls"（效果控制）面板中对图片进行调节。要注意添加图片的横竖方向要与蝴蝶结相框相同。

首先选中 Video2 上的素材片段"图层 5"，设置其 Scale（比例）数值为"50"。再选中 Video4 上的素材片段"图层 4",设置其 Scale(比例)数值为"50"。

选中 Video2 上的素材片段"044.jpg",在效果控制面板中设置位置 Position 为(229,183),比例 Scale 为"24"。同样,选中素材片段"109.jpg",设置位置 Position 为(229,183),比例 Scale 为"24"。

选中 Video4 上的素材片段"088.jpg",设置位置 Position 为(541,337),比例 Scale 为"24"。同样,选中素材片段"214.jpg",设置位置 Position 为(541,337),比例 Scale 为"24"。

(5) 在"Effects"(效果)面板中展开"Video Effect"(视频特效),将"Channel"(通道)子文件夹下的 Blend(混合)特效拖到 Video4 中的素材片段"图层 4"上。选中该素材,在"Effect Controls"(效果控制)面板中,展开 Blend 特效,单击 Blend With Original(与原始素材混合量)前的秒表启动关键帧,设数值为"100"。时间线指针移到 00:00:00:24 处,设数值为"0"。这样就制作了淡出效果。在效果控制面板中单击 Blend 特效,按 Ctrl+C 键,将特效复制,再选中轨道 Video2 中的素材片段"图层 5",按 Ctrl+V 进行粘帖。于是该特效就复制到"图层 5"上,如图 12-3-25 所示。

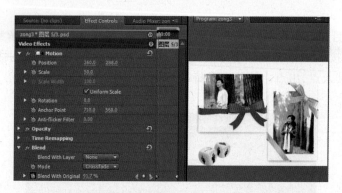

图 12-3-25　添加 Blend 特效(1)

同样将 Blend 特效复制到 Video2 上的"044.jpg"。选中该图片,在效果控制面板中,将第 1 个关键帧数值改为"0",指针拖到素材的中间,修改数值为"100",系统自动添加了一个关键帧。这样一共有 3 个关键帧,制作了淡入、淡出的效果。在效果控制面板中单击 Blend 特效,按 Ctrl+C 键,将特效复制,再选中 Video4 上的"088.jpg",按 Ctrl+V 进行粘贴。于是该特效就复制到"088.jpg""上,如图 12-3-26所示。

图 12-3-26　添加 Blend 特效(2)

同样,将 Blend 特效复制到后面"214.jpg"和"109.jpg"两张图片上。中间的图片 044 和 088 在转换到第三组图片的时候会有些生硬,就需要对其加以修正。将时间线指针移到 00:00:02:24 处,选中素材片段"214.jpg",在效果控制面板中,将 Blend 的最后一个关键帧删除,将中间的关键帧移到指针处。

选中 Blend 特效,按 Ctrl+C 键,将特效复制。在选中素材片段"109.jpg",按 Ctrl+V 进行粘贴。这样就制作了图片缓缓淡入的效果,如图 12-3-27 所示。

图 12-3-27 添加 Blend 特效(3)

12.3.4 相片飞入效果

相片飞入效果如图 12-3-28 所示。

图 12-3-28 相片飞入效果

1. 素材的导入

(1) 新建项目,命名为"wedding4",在弹出的"New Sequence"(新建序列)对话框中,单击左侧的 DV - PAL 下的 Standard 48kHz。序列名称为"zong4"。

(2) 双击项目窗口的空白处,将所有图片导入进来。

(3) 解释素材。在项目窗口中选中所有图片素材,右击素材,在弹出的菜单中选择 "Modify(修改)→Interprer Footage(解释素材)"命令,弹出"Modify Clip"(修改素材片段)对话框,在 Pixel Aspect Radio(像素宽高比)栏中设置 Conform to 为"D1/DV PAL (1.094 0)"。

2. 在时间线上编辑素材

(1) 添加 4 个新的视频轨道,将素材依次拖到 Video2~Video7 各个轨道中,在时间线的位置依次后移 10 秒,如图 12-3-29 所示。

将指针移到素材 00:00:00:10 处,将素材片段"031.jpg"的入点拖到指针处。选中该素材,在"Effect Controls"(效果控制)面板中,设置 Position(位置)为(181、133),Rotation(旋转)为"18"。单击 Scale 左侧的秒表按钮启动关键帧,设数值为"131",将指针移到素材 00:00:00:19 处,设数值为"10"。这样就制作出了素材从外飞入画面的动画,如图 12-3-30 所示。

图 12-3-29　时间线排列素材

图 12-3-30　素材"031.jpg"的属性设置

(2) 在时间线上选中素材片段"031.jpg",按 Ctrl+C 进行复制,再选中其他轨道上的图片素材,按 Ctrl+Alt+V 进行属性粘贴。这样其他几个轨道的图片就具有了与素材"031.jpg"一样的动画。但是还需要进行位置和旋转参数的调整。

在时间线上选中素材片段"032.jpg"在"Effect Controls"(效果控制)面板中设置 Position(位置)为(369、159),Rotation(旋转)为"0°"。

在时间线上选中素材片段"033.jpg"在"Effect Controls"(效果控制)面板中设置 Position(位置)为(554、124),Rotation(旋转)为"22°"。

在时间线上选中素材片段"034.jpg"在"Effect Controls"(效果控制)面板中设置 Position(位置)为(145、271),Rotation(旋转)为"6°"。

在时间线上选中素材片段"035.jpg"在"Effect Controls"(效果控制)面板中设置 Position(位置)为(479、264),Rotation(旋转)为"-21°"。

在时间线上选中素材片段"036.jpg"在"Effect Controls"(效果控制)面板中设置 Position(位置)为(298、282),Rotation(旋转)为"0°"。

最终效果如图 12-3-28 所示。

12.3.5　视频添加

1. 素材的导入

(1) 新建项目,命名为"wedding5",在弹出的"New Sequence"(新建序列)对话框中,单击左侧的 DV-PAL 下的 Standard 48kHz。序列名称为"zong5"。

(2) 双击项目窗口的空白处,将所有的视频素材和花纹素材导入。选中导入的所有素材,右击这些素材,在弹出的菜单中选择"Modify(修改)→Interprer Footage(解释素材)"命令,弹出"Modify Clip"(修改素材片段)对话框,在 Pixel Aspect Radio(像素宽高比)栏中设置 Conform to 为"D1/DV PAL(1.094 0)"。

2. 在时间线上编辑素材

(1) 在项目窗口中将视频素材"视频 1.mpg"、"视频 2.mpg"、"视频 3.mpg"拖到 Video1 上,将"2 副本.png"拖到 Video2 上。调整"2 副本.png"的出点,与视频的尾部对齐。

（2）选中素材片段"2 副本 . png"，在"Effect Controls"（效果控制）面板中，设置其 Scale（比例）为"30"。分别选中 3 个视频，设置其 Scale（比例）为"130"，如图 12-3-31 所示。

图 12-3-31　调整时间线素材

12.3.6　相片调色

相片调色效果如图 12-3-32 所示。

图 12-3-32　相片调色效果

1. 素材的导入

（1）新建项目，命名为"wedding6"，在弹出的"New Sequence"（新建序列）对话框中，单击左侧的 DV-PAL 下的 Standard 48kHz。序列名称为"zong6"。

（2）双击项目窗口的空白处，将所有图片导入进来。

（3）解释素材。在项目窗口中选中所有图片素材，右击素材，在弹出的菜单中选择"Modify（修改）→Interprer Footage（解释素材）"命令，弹出"Modify Clip"（修改素材片段）对话框，在 Pixel Aspect Radio（像素宽高比）栏中设置 Conform to 为"D1/DV PAL（1.094 0）"。

2. 在时间线上编辑素材

（1）在项目窗口中，将素材"216.jpg"拖到 Video1 上。将指针移到 00:00:01:05 处，将素材的出点调整到此。

将素材"027.jpg"拖到 Video2 的指针处，将指针移到 00:00:02:11 处，将素材的出点调整到此。

将素材"124.jpg"拖到 Video3 的指针处，将指针移到 00:00:03:16 处，将素材的出点调整到此。

将素材"166.jpg"拖到 Video4 的指针处，将指针移到 00：00：05：00 处，将素材的出点调整到此。

分别将素材"3 副本 . png""纸飞机 . png"拖到 Video5、Video6 的时间线开始处，将素材的出点与素材"166. png"对齐，如图 12-3-33 所示。

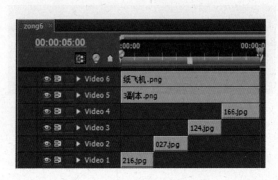

图 12-3-33　时间线排列素材

（2）在时间线上选中素材片段"3 副本 . png"，在"Effect Controls"（效果控制）面板中设置其 Scale（比例）为"30"。

在时间线上选中素材片段"216. jpg"，在"Effect Controls"（效果控制）面板中设置其 Position（位置）为（434,112），Scale（比例）为"80"。

在时间线上选中素材片段"027. jpg"，在"Effect Controls"（效果控制）面板中设置其 Position（位置）为（436.2,152.9），Scale（比例）为"80"。

在时间线上选中素材片段"124. jpg"，在"Effect Controls"（效果控制）面板中设置其 Position（位置）为（539.5,156.9），Scale（比例）为"80"。

在时间线上选中素材片段"166. jpg"，在"Effect Controls"（效果控制）面板中设置其 Position（位置）为（356.8,226.4），Scale（比例）为"77.4"。

（3）进行调色。在"Effects"（效果）面板中展开"Video Effects"文件夹，将"Adjust"（调整）子文件夹下的 Levels（色阶）特效拖到素材片段"216. jpg"上。选中该素材，在"Effect Controls"（效果控制）面板中展开 Levels 特效，单击右侧的 ▇▇ 按钮，打开曲线设置对话框，将 Input Levels 的数值设为（0,0.70,200），如图 12-3-34 所示。这样便增加了照片的对比度和光亮度。

将"Adjust"（调整）子文件夹下的 Lighting Effects（灯光特效）特效拖到素材片段"027. jpg"上。在"Effect Controls"（效果控制）面板中展开该特效，为其设置两盏点光源照亮相片，分别调节 Light1 和 Light2 的参数，如图 12-3-35 所示。通过对灯光颜色、中心点、羽化半径、强度等参数调节以及灯光位置进行调节，制作出阳光效果。

（4）将"Adjust"（调整）子文件夹下的 ProcAmp（综合）特效拖到素材片段"124. jpg"上，在"Effect Controls"（效果控制）面板中展开该特效，为其修改亮度、对比度、饱和度等参数，如图 12-3-36 所示。

（5）将"Color Correction"（色彩修正）子文件夹下的 Fast Color Corrector（快速颜色调整）特效拖到素材片段"166. jpg"上，在"Effect Controls"（效果控制）面板中展开该特效，利用色盘可以调整画面颜色基调，如图 12-3-37 所示。可根据画面需要自行改变相片色调。

图 12-3-34　色阶特效设置

图 12-3-35　灯光参数设置

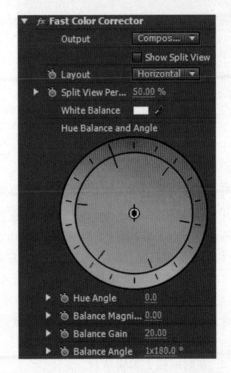

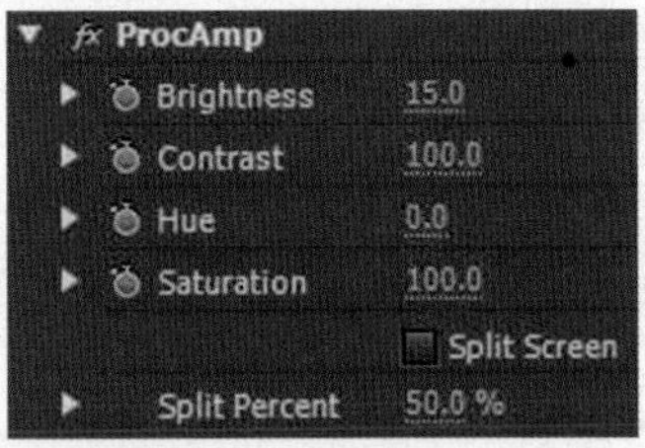

图 12-3-37　快速颜色调整特效设置

图 12-3-36　综合特效设置

（6）给 4 张相片加入简单的转场效果。将时间线指针回到第 0 帧，在"Effects"（效果）面板中展开"Video Effect"（视频特效），将"Channel"（通道）子文件夹下的 Blend（混合）特效拖到 Video4 中的素材片段"216.jpg"上。选中该素材，在"Effect Controls"（效果控制）面板中，展开 Blend 特效，单击 Blend With Original（与原始素材混合量）前的秒表启动关键帧，设数值为 0。时间线指针移到 00：00：00：11 处，设置数值为"100"。时间线指针移到 00：00：00：24 处，添加关键帧。时间线指针移到 00：00：01：19 处，设置数值为"0"。这样就制作了淡入淡出效果。

在"Effect Controls"（效果控制）面板中单击 Blend 特效，按 Ctrl＋C 键，将特效复制。再分别选中其他三个素材，按 Ctrl＋V 进行粘贴。于是 4 张图片素材都有了淡入淡出的效果，如图 12-3-38 所示。

（7）给"纸飞机.png"素材一个位移动画。将时间线指针回到第 0 帧，选中纸飞机素材，在"Effect Controls"（效果控制）面板中调整 Scale 数值为"30"，启动位置 Position 关键帧，设置数值为（645.6，510）。将时间线指针移到 00：00：01：02 处，设置 Position 数值为（−34.2，−2.2）。使它由右下角飞入，从左上角飞出，如图 12-3-39 所示。

（8）完成相片调色，保存文件。

图 12-3-38　添加淡入淡出视频特效

图 12-3-39　纸飞机位移动画设置

12.3.7　最后字幕

1. 素材的导入

（1）新建项目，命名为"wedding6"，在弹出的"New Sequence"（新建序列）对话框中，单击左侧的 DV-PAL 下的 Standard 48kHz。序列名称为"zong7"。

（2）双击项目窗口的空白处，将所有素材导入进来。

（3）解释素材。在项目窗口中选中所有图片素材，右击素材，在弹出的菜单中选择"Modify（修改）→Interprer Footage（解释素材）"命令，弹出"Modify Clip"（修改素材片段）对话框，在 Pixel Aspect Radio（像素宽高比）栏中设置 Conform to 为"D1/DV PAL（1.094 0）"。

2. 在时间线上编辑素材

（1）在项目窗口中将素材"7 副本.jpg"拖到 Video1 上，素材的出点在第 10 秒处。在"Effect Controls"（效果控制）面板中设置 Scale（比例）为"30"。

（2）将时间线指针移到第 5 秒处，将素材"105.jpg"拖到 Vidoe2 的指针处。在"Effect Controls"（效果控制）面板中设置 Position（位置）为（344.6，186.7），设置 Scale（比例）为"3.3"。启动 Position 和 Scale 关键帧。将指针移到 00：00：10：00 处，设置 Position（位置）为（362.7，297.9），Scale（比例）为"63.9"。于是形成一个由小变大，由远及近的特效。

（3）将时间线指针移到第 5 秒处，在"Effects"（效果）面板中展开视频特效，将"Distort"（扭曲）下的 Mirror（镜像）特效拖到素材"105.jpg"上。在"Effect Controls"（效果控制）面板中展开 Mirror，启动 Reflection Angle 关键帧。设置数值为"180"。将时间线指针移到 00：00：09：22 处，设置数值为"360"，如图 12-3-40 所示。

图 12-3-40　设置镜像特效

（4）最后添加文字。新建字幕，在字幕中输入"一生有你"。选中文字，添加文字样式为"TektonPro LTSalmon 36"，设置字体为"STXingkai"勾选"Shadow"（阴影），如图 12-3-41 所示。关闭字幕。

图 12-3-41　设置字幕

（5）将指针移到 00:00:10:23 处，在项目窗口中把字幕素材拖到轨道 Video3，在"Effect Controls"（效果控制）面板中展开 Opacity（透明度），并启动关键帧，设置数值为"0"。将指针移到 00:00:13:13，设置数值为"100"，如图 12-3-42 所示。

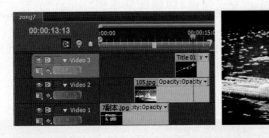

图 12-3-42　时间线排列素材

12.3.8　最终合并

婚纱相册分镜素材制作完毕，最后进行总的合成。

（1）新建项目，命名为"总合成"。在"New Sequence"（新建序列）对话框中，单击左侧的 DV-PAL 下的 Standard 48kHz。序列名称为"总合成"。

（2）将前面建好的 7 个 Premiere 项目文件导入进来。在导入过程中出现对话框，如图 12-3-43 所示，选择"Import Entire Project"导入整个项目。在导入完成后项目窗口中出现 7 个文件夹，每个项目的素材及序列包含在文件夹中，如图 12-3-44 所示。

图 12-3-43　导入项目对话框　　　　图 12-3-44　项目窗口中导入的素材

将音频文件"如果爱 . wma"导入进来。

（3）展开每一个文件夹，将序列 zong1～zong7 拖到时间线上依次排列。此时序列中都带有音频。按住 Alt 单击第 1 个音频素材，将音频选中，按 Delete 键删除音频。同样，把后面几个序列的音频删除。

（4）将音频素材"如果爱 . wma"拖到音频轨道上，将素材的出点调整到视频结束的地方。

（5）在"Effects"（效果）面板中，将"Video Transition"（视频转场）文件夹中"Dissolve"（溶解）下的 Cross Disssolve（交叉溶解）转场效果拖到"zong1"的开头和"zong7"的结尾。

将"Audio Transition"（音频转场）中"Crossfade"下的 Constant Power（恒定电力）效果拖到"如果爱 . wma"的开头和结尾，制作画面和声音淡入淡出的效果，如图 12-3-45 所示。

图 12-3-45　时间线排列素材

本章小结

本章综合讲解了婚纱电子相册的多种制作技巧。将 Premiere 的调色、转场、视频特效根据需要进行了综合运用。同时为方便大家的学习，将每一个分镜的制作作为一个独立的项目来完成，最后利用导入项目的方式将它们进行合成。

课后练习

制作一个个人写真电子相册，尝试运用调色特效表达情感，并恰当地添加视频特效，增强画面的视觉冲击力。

13 多机位视频介绍——《豆浆机》

13.1 学习目标

本章主要利用 Premiere CS5 的多摄像机剪辑技术，完整地剪辑制作《豆浆机》的视频介绍。对 DV 拍摄的前期策划、机位分配、素材序号标记、序列嵌套、三点编辑、调色等技术进行了详细讲解。

13.2 效果展示

《豆浆机》最终效果如图 13-2-1 所示。

图 13-2-1 《豆浆机》最终效果

13.3 前期策划

本任务主要是通过 DV 拍摄并剪辑制作一段视频，介绍一款豆浆机的使用方法和操作过程。拍摄前要做好充分的摄像器材的准备。我们使用了三台 DV 摄像机进行拍摄：机位 1 用于拍摄全景，位于正前方；机位 2 用于拍摄细节，位于左侧；机位 3 用于拍摄人物的面部表情，位于右侧。三个机位能够全方位、多角度地拍摄，从而达到最好的影像效果。另外还用一个摄像机拍摄了现场观众的一小段画面，作为视频画面的补充。

13.4 任务实施

任务实施主要分为 4 个阶段:准备阶段、加热阶段、品尝阶段和最终效果阶段。

13.4.1 准备阶段

1. 新建项目和序列

启动 Premiere CS5,新建项目"产品介绍";在"New Sequence"(新建序列)对话框中,单击顶部的"General"(常规)标签,单击 Editing Mode(编辑模式)右侧的下拉按钮,选择"Desktop"。Timebase(时基)处选择"25Frame/Second"(25 帧/秒)。Frame Size(帧画面尺寸)设为"720×576"。Pixel Aspect Ratio(像素宽高比)设为"Square Pixels(1.0)"(方形像素)。Fields(场)设置为"No Fields"。序列命名为"Sequence01",单击"OK"按钮,进入 Premiere CS5 的工作界面。

2. 导入素材

双击项目窗口空白处,在"Import"(导入)对话框中将素材文件夹中的素材导入进来。

3. 在时间线上对位素材

(1)将素材"机位 1-1.wmv"拖到时间线视频轨道 Video1 上,将素材"机位 2-1.wmv"拖到时间线视频轨道 Video2 上,如图 13-4-1 所示。在"Effect Controls"(效果控制)面板中,分别调整这两个素材的 Scale(比例)为"142",去掉画面中的上下黑边。

图 13-4-1 时间线上的素材排列

(2)单击音频轨道 Audio1、Audio2 左侧的按钮 ▶,将音轨展开,此时就能看到 2 个音轨的波形图,如图 13-4-2 所示。

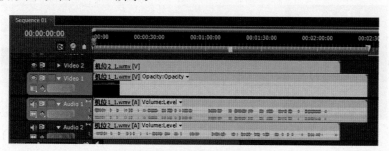

图 13-4-2 展开的音频轨道

隐藏 Video2、Audio2，此时只观看 Video1 的画面，听到 Audio1 的声音。拖动时间线指针浏览素材，会发现主持人加完水的瞬间声音波形图比较明显。将时间线指针移到此处，并放大时间线，精确调整时间线指针的位置，如图 13-4-3 所示。

图 13-4-3　根据波形图定位时间指针

（3）单击音轨 Audio1 上的素材，将该素材选中，单击菜单命令"Marker（标记）→Set Clip Marker（设置序列标记）→Other Numbered（其他编号）"，如图13-4-4所示。在弹出的设置标记号对话框中输入"1"，如图 13-4-5 所示。这样，序号为"1"的素材标记添加到时间线所在位置的素材上，如图 13-4-6 所示。

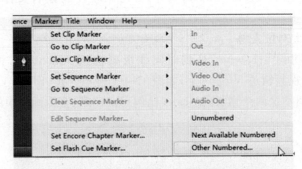

图 13-4-4　添加标记序号命令

图 13-4-5　设置标记号

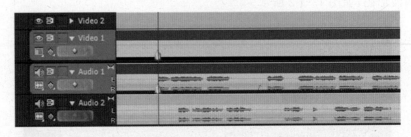

图 13-4-6　为 Audio1 设置标记序号

（4）隐藏 Video1、Audio1，显示 Video2、Audio2，此时只观看 Video2 的画面，听到

Audio2 的声音。拖动时间线指针找到 Audio2 上对应的声音瞬间，并为其添加标记序号为"1"的素材标记。由此，两个素材分别在同一个瞬间添加了标号为"1"的素材标记，这些标记点将作为每个素材的同步点，如图 13-4-7 所示。

图 13-4-7　为素材添加标记序号作为同步点

（5）选中欲进行同步的所有素材片段，使用菜单命令"Clip→Synchronize"，在弹出的"Synchronize Clips"（同步素材片段）对话框中选择最后一种同步方式"Numbered Clip Marker"，标记序号设为"1"，如图 13-4-8 所示。这样素材将以选中的序号为"1"的标记为基准进行同步，单击"OK"按钮后的时间线如图 13-4-9 所示。

图 13-4-8　同步素材片段

图 13-4-9　同步后的时间线素材片段

（6）进行声音测试，经过观察，Audio1 和 Audio2 上的声音是同步的。恢复全部视频和音频轨道的显示。

4. 多摄像机进行切换

（1）新建一个序列，在"New Sequence"（新建序列）对话框中，单击顶部的"General"（常规）标签，单击 Editing Mode（编辑模式）右侧的下拉按钮，选择"Desktop"。Time-base（时基）处选择"25Frame/Second"（25 帧/秒）。Frame Size（帧画面尺寸）设为"720×576"。Pixel Aspect Ratio（像素宽高比）设为"Square Pixels（1.0）"（方形像素）。Fields（场）设置为"No Fields"。序列命名为"准备阶段"。

（2）将刚刚设置完同步的包含多摄像素材的序列作为嵌套序列素材添加到此序列中，如图 13-4-10 所示。

（3）选中嵌套序列素材片段，使用菜单命令"Clip→Multi-Camera→Enable"，激活多摄像机编辑功能，并使用菜单命令"Window→Multi-Camera Monitor"，弹出多摄像

图 13-4-10　时间线序列嵌套

机监视器窗口,如图 13-4-11 所示。

图 13-4-11　多摄像机监视器窗口

单击记录按钮 ⊚,并单击播放按钮 ▶,开始进行录制。在机位 1-1 播放到 00:01:00:11 时切换到机位 2-1,在 00:01:11:22 时切换回机位 1-1,在 00:01:42:03 时切换到机位 2-1,在 00:02:05:08 时切换到机位 1-1,录制完毕,单击停止按钮 ■,结束录制。

(4)再次播放预览动画,序列已经按照录制时的操作在不同的区域显示不同的摄像机素材片段,并且以[MC1]、[MC2]的方式标记素材的摄像机来源,如图13-4-12所示。

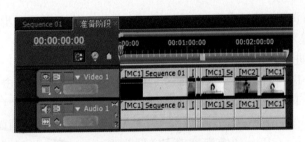

图 13-4-12　多摄像机切换后的时间线

5. 指示水位线

水位线是一个强调注意的地方,所以当主持人在强调水位线时,需要用文本加以标注并停顿一段时间,以便引起观众的注意,下面用输出单帧的技术完成这部分功能。

(1)将时间线指针定位在 00:01:07:21 时,创建一个字幕文件,命名为"水位线",

输入文本,用直线工具加以指示,设置文本的适当格式,并调整直线指示的位置。如图13-4-13 所示。

图 13-4-13 标注水位线

(2)保持时间线指针不动,将该字幕文件拖到时间线视频轨道 Video2 上时间指针处,使其正好与视频所指示的水位线吻合,如图 13-4-14 所示。

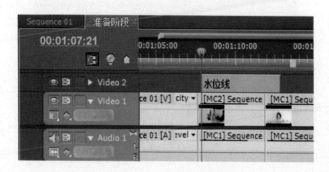

图 13-4-14 添加字幕文件

(3)单击节目监视器窗口中的"Export Frame"(输出单帧)按钮 ,如图13-4-15所示。

图 13-4-15 输出单帧

（4）在弹出的"Export Frame"对话框中输入名称为"静帧"，设置格式为JPEG，选择输出路径为素材文件夹，单击"OK"按钮输出单帧，如图13-4-16所示。

图 13-4-16   设置单帧属性

（5）将视频 Video 2 轨道上的字幕删除，在项目窗口中导入"静帧.mpg"素材，拖动到视频 Video 2 轨道的当前时间指针处，让其持续时间为 2s，如图 13-4-17 所示。

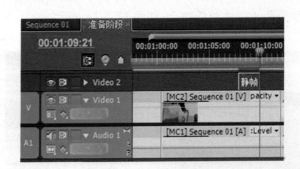

图 13-4-17   加入静帧

（6）播放视频，观察效果。至此，制作豆浆的原料和工具的准备部分制作完成。

13.4.2   加热阶段

因为豆浆的加热过程时间很长，所以我们此处使用加快速度的技巧来处理加热阶段的视频。具体操作步骤如下。

（1）新建序列，在"New Sequence"（新建序列）对话框中，单击顶部的"General"（常规）标签，单击 Editing Mode（编辑模式）右侧的下拉按钮，选择"Desktop"。Timebase（时基）处选择"25Frame/Second"（25 帧/秒）。Frame Size（帧画面尺寸）设为"720×576"。Pixel Aspect Ratio（像素宽高比）设为"Square Pixels(1.0)"（方形像素）。Fields（场）设置为"No Fields"。命名为"Sequence 02"。

（2）双击项目窗口空白处，在"Import"（导入）对话框中将素材文件夹中的素材"机位 3_2.wmv"、"机位 1_2_1.wmv"、"机位 1_2_2.wmv"导入进来。分别选中素材，在"Effect Controls"（效果控制）面板中调整 Scale 的数值为"142"，使得画面的上下边缘不出现黑边。

（3）依次将以上 3 个视频素材拖到视频 Video 1 轨道上来，如图 13-4-18 所示。

（4）拖动时间线指针浏览素材，会发现素材片段"机位 3_2.wmv"的颜色明显偏暗，

图 13-4-18　导入 3 个视频后的时间线

色调偏暖，需要调色。在时间线上选中该素材，在"Effects"（效果）面板中展开"Video Effects"（视频特效），在"Color Correction"（色彩修正）子文件夹下，将 RGB Curve 特效拖到该素材上。选中素材，在"Effect Controls"（效果控制）面板中展开该特效，将 Master 曲线上调一点提高总体亮度，同时将 Red 曲线、Green 曲线下调一点减少红色和绿色，如图 13-4-19 所示，使得该视频在色调上与其他视频色调一致。

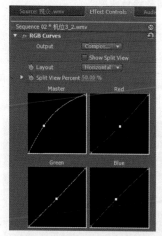

图 13-4-19　为素材片段"机位 3_2. wmv"调色

（5）新建一个序列命名为"加热阶段"。在"New Sequence"（新建序列）对话框中，单击顶部的"General"（常规）标签，单击 Editing Mode（编辑模式）右侧的下拉按钮，选择"Desktop"。Timebase（时基）处选择"25Frame/Second"（25 帧/秒）。Frame Size（帧画面尺寸）设为"720×576"。Pixel Aspect Ratio（像素宽高比）设为"Square Pixels（1.0）"（方形像素）。Fields（场）设置为"No Fields"。

（6）将 Sequence02 序列拖到加热阶段序列的视频 Video 1 轨道上来，如图13-4-20所示。

图 13-4-20　加热阶段序列的时间线

（7）选择视频 Video 1 轨道上的素材，选择菜单"Clip→Speed/Duration"命令，弹出速度/持续时间对话框。设置播放速度为"500％"，单击"OK"按钮，如图13-4-21所示。

图 13-4-21　调整播放速度

（8）由于视频的速度加快，导致打豆浆的机器声音有点刺耳，所以要将视频原本的声音去掉，更换成悦耳的背景音乐。选择视频 Video 1 轨道上的素材，选择菜单命令"Clip→Unlink"解除视频和音频的链接，然后选择音频 Audio 1 轨道上的音频按 Delete 键删除。删除音频后的时间线如图 13-4-22 所示。

图 13-4-22　删除音频后的时间线

（9）在项目窗口的空白处双击导入素材文件夹中的 bjyy. mp3 音频文件，并将其拖到音频 Audio 1 轨道上。因为插入音频轨道 Audio 1 上的音频文件的长度比视频轨道长，因此要适当调整音频轨道中声音素材长度。鼠标移到 Audio 1 最右侧变为双向箭头，向左拖动光标，使 Audio 1 上的音频素材与视频 1 轨道上的视频右侧对齐后，放开鼠标，如图 13-4-23 所示。

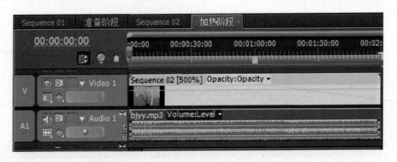

图 13-4-23　视频与音频对齐后的时间线

13.4.3 品尝阶段

1. 新建序列

新建序列命名为"Sequence 03"。在"New Sequence"（新建序列）对话框中，单击顶部的"General"（常规）标签，单击 Editing Mode（编辑模式）右侧的下拉按钮，选择"Desktop"。Timebase(时基)处选择"25Frame/Second"（25 帧/秒）。Frame Size(帧画面尺寸)设为"720×576"。Pixel Aspect Ratio(像素宽高比)设为"Square Pixels(1.0)"（方形像素）。Fields(场)设置为"No Fields"。

2. 导入素材

双击项目窗口空白处，在"Import"（导入）对话框中将素材文件夹中的素材"机位1_3.wmv"、"机位 2_3.wmv"、"机位 3_3.wmv"和"观众.wmv"导入进来。

3. 在时间线上对位素材

（1）将素材"机位 3_3.wmv"拖到时间线视频轨道 Video1 上，将素材"机位2_3.wmv"拖到时间线视频轨道 Video2 上，素材"机位 1_3.wmv"拖到时间线视频轨道 Video3上，如图 13-4-24 所示。在"Effect Controls"（效果控制）面板中，分别调整这 3 个素材的 Scale(比例)为"142"，去掉画面中的上下黑边。

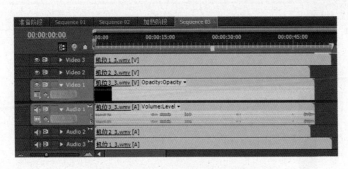

图 13-4-24　时间线上的素材排列

浏览各轨道素材，会发现素材片段"机位 3_3.wmv"的颜色明显偏暗，色调偏暖，需要调色。可以将序列"Sequence02"中的调色特效复制过来。在项目窗口中双击序列"Sequence02"，在时间线上打开该序列，在时间线上选中素材"机位3_2.wmv"，在"Effect Controls"（效果控制）面板中单击 RGB Curve 特效，按 Ctrl＋C 进行特效复制。单击时间线左上角的"Sequence03"序列标签，切回到序列"Sequence03"，选中素材"机位3_3.wmv"，按 Ctrl＋V 将 RGB Curve 特效复制给该素材实现调色效果，使得该素材在色调上与其他视频色调一致起来。

（2）单击音频轨道 Audio2、Audio3 左侧的按钮 ▶，将音轨展开，此时就能看到 3 个音轨的波形图，如图 13-4-25 所示。

测试 Video3、Audio3，隐藏其他的轨道，找到观众上场品尝、其他观众拍手的瞬间，将时间线指针移到此处，如图 13-4-26 所示。

（3）单击音轨 Audio3 上的素材，将该素材选中，单击菜单命令"Marker(标记)→Set Clip Marker(设置素材标记)→Other Numbered(其他编号)"，如图13-4-27所示。在弹出的设置标记号对话框中输入"1"。则序号为 1 的标记添加到时间线所在位置的素材上,如图 13-4-28 所示。

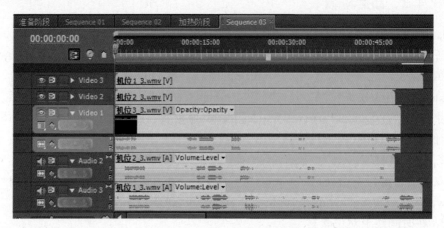

图 13-4-25 展开的音频轨道

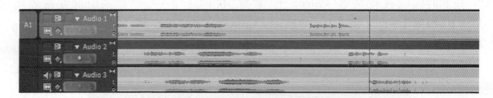

图 13-4-26 根据波形图定位时间指针

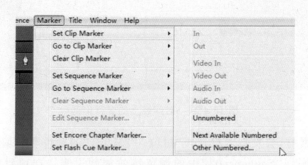

图 13-4-27 添加标记序号命令

图 13-4-28 为 Audio3 设置标记序号

(4) 同步骤(2)、(3)的操作,分别找到 Audio1、Audio2 上对应的拍手瞬间,并为其添加标记序号均为"1"的素材标记序号。由此,三个素材分别在同一个瞬间添加了标号为"1"的素材标记,这些标记点将作为每个素材的同步点,如图13-4-29所示。

图 13-4-29　为素材添加标记序号作为同步点

（5）选中欲进行同步的所有素材片段,选择菜单命令"Clip→Synchronize",在弹出的"Synchronize Clips"（同步素材片段）对话框中选择最后一种同步方式"Numbered Clip Marker",标记序号设为"1",如图 13-4-30 所示。这样素材将以选中的序号为"1"的标记为基准进行同步,单击"OK"按钮后的时间线如图13-4-31所示。恢复所有轨道的显示。

图 13-4-30　同步素材片段

图 13-4-31　同步后的时间线素材片段

4. 多摄像机进行切换

（1）新建一个序列,命名为"品尝"。

（2）将刚刚设置完同步的包含多摄像素材的序列"Sequence 03"作为嵌套序列素材添加到此序列中,如图 13-4-32 所示。

图 13-4-32　时间线序列嵌套

（3）选中嵌套序列素材片段，使用菜单命令"Clip→Multi-Camera→Enable"，激活多摄像机编辑功能，并使用菜单命令"Window→Multi-Camera Monitor"，调出多摄像机监视器窗口，如图13-4-33所示。

图 13-4-33　多摄像机监视器窗口

单击记录按钮 ⊙，并单击播放按钮 ▶，开始进行录制。在录制过程中，通过单击各个摄像机视频缩略图，在各个摄像机之间进行切换。录制完毕，单击停止按钮 ■，结束录制。

（4）再次播放预览动画，序列已经按照录制时的操作在不同的区域显示不同的摄像机素材片段，并且以［MC1］、［MC2］的方式标记素材的摄像机来源，如图13-4-34所示。

图 13-4-34　多摄像机切换后的时间线

（5）利用三点编辑法将"观众.wmv"中需要的视频部分加入到视频 Video 2 轨道上，如图 13-4-35 所示。

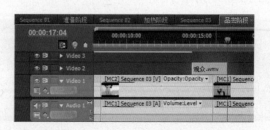

图 13-4-35　利用三点编辑插入素材

13.4.4 最终效果制作阶段

（1）新建序列并命名为"最终效果"。在"New Sequence"（新建序列）对话框中，单击顶部的"General"（常规）标签，单击 Editing Mode（编辑模式）右侧的下拉按钮，选择"Desktop"。Timebase（时基）处选择"25Frame/Second"（25 帧/秒）。Frame Size（帧画面尺寸）设为"720×576"。Pixel Aspect Ratio（像素宽高比）设为"Square Pixels(1.0)"（方形像素）。Fields（场）设置为"No Fields"。

（2）将序列"准备阶段"、"加热阶段"和"品尝"依次拖放到视频 Video 1 轨道上，如图 13-4-36 所示。

图 13-4-36　插入序列的时间线

（3）渲染输出。单击菜单命令"File→Export→Media"，进入"Export Setting"（输出设置）对话框，在右侧的 Format（格式）的下拉菜单中选择"MPEG2"。在 Output Name（输出名称）的右侧单击文件名，指定文件的保存路径，文件名为"最终效果.mpg"。勾选"Export Video"（输出视频）和"Export Audio"（输出音频），该两个选项默认已勾选。在右侧下方的 Video 标签中的 Basic Video Setting（基本视频设置）中，选择"PAL"制，上下拖动右侧的滑块，设置帧输出尺寸为"720×576"，Frame Rate（帧速率）为"25"，Field Order（场顺序）为"None"，Pixel Aspect Ratio（像素宽高比）为"Square Pixels(1.0)"（方形像素），如图 13-4-37 所示。单击"Export"（输出）按钮进行渲染输出。

图 13-4-37　输出设置

本章小结

本章通过制作一个介绍豆浆机操作过程的综合视频,进一步巩固了视频剪辑的基本方法,特别是序列嵌套、多摄像机编辑等高级剪辑技术的综合应用。相信大家通过这个综合实例的学习,综合运用的能力也有很大的提高。

课后练习

以班级为单位,实际策划并制作一个产品介绍的综合视频,从拍摄到视频的剪辑,再到视频的输出,进一步掌握多机位编辑技术。

后　记

　　在这个绚丽多彩的夏天，终于迎来了数字媒体技术应用专业系列教材即将出版的日子。

　　早在 2009 年，我就与 Adobe 公司和 Autodesk 公司等数字媒体领域的国际企业中国区领导人就数字媒体技术在职业教育教学中的应用进行过探讨，并希望有机会推动职业教育相关专业的发展。2010 年，教育部《中等职业教育专业目录》中将数字媒体技术应用专业作为新兴专业纳入中职信息技术类专业之中。2010 年 11 月 18 日，教育部职业教育与成人教育司（以下简称"教育部职成教司"）同康智达数字技术（北京）有限公司就合作开展"数字媒体技能教学示范项目试点"举行了签约仪式，教育部职成教司刘建同副司长代表职成教司签署合作协议。同时，该项目也获得了包括高等教育出版社等各级各界关心和支持职业教育发展的单位和有识之士的大力协助。经过半年多的实地考察，"数字媒体技能教学示范项目试点"的授牌仪式于 2011 年 3 月 31 日顺利举行，教育部职成教司刘杰处长向试点学校授牌，确定了来自北京、上海、广东、大连、青岛、江苏、浙江等七省市的 9 所首批试点学校。

　　为了进一步建设数字媒体技术应用专业，在教育部职成教司的指导下、在高等教育出版社的积极推动下，与实地考察工作同时进行的专业教材编写经历了半年多的研讨、策划和反复修改，终于完稿。同时，为了后续培养双师型骨干教师和双证型专业学生，我们还搭建了一个作品展示、活动发布及测试考评的网站平台——数字教育网 www.digitaledu.org。随着专业建设工作的开展，我们还会展开一系列数字媒体技术应用专业各课程的认证考评，颁发认证证书，证书分为师资考评和学生专业技能认证两种，以利于进一步满足师生对专业学习和技能提升的要求。

　　我们非常感谢各界的支持和有关参与人员的辛勤工作。感谢教育部职成教司领导给予的关怀和指导；感谢上海市、广州市、大连市、青岛市和江苏省等省市教育厅（局）、职成处的领导介绍当地职业教育发展状况并推荐考察学校；感谢首批试点学校校长和老师们切实的支持。同时，要感谢教育部新闻办、中国教育报、中国教育电视台等媒体朋友们的支持；感谢高等教育出版社同仁们的帮助并敬佩编辑们的专业精神；感谢 Adobe 公司、Autodesk 公司和汉王科技公司给予的大力支持。

　　我还要感谢一直在我身边，为数字媒体专业建设给予很多建议、鼓励和帮助的朋友和同事们。感谢著名画家庞邦本先生、北京师范大学北京京师文化创意产业研究院执行院长肖永亮先生、北京电影学院动画学院孙立军院长，他们作为专业建设和学术研究的领军人物，时刻关心着青少年的成长和教育，积极参与专业问题的探讨并且给予悉心指导，在具体工作中还给予了我本人很多鼓励。感谢资深数字视频编辑专家赵小虎对于视频编辑教材的积极帮助和具体指导；感谢好友张超峰在基于 Maya 的三维动画工作流程中给予的指导和建议；感谢好友张永江在网站平台、光盘演示程序以及考评系统程序设计中给予的大力支持；感谢康智达公司李坤鹏等全体员工付出的努力。

最后，我要感谢在我们实地考察、不断奔波的行程中，从雪花纷飞的圣诞夜和辞旧迎新的元旦，到春暖花开、夏日炎炎的时节，正是因为有了出租车司机、动车组乘务员以及飞机航班的服务人员等身边每一位帮助过我们的人，伴随我们留下了很多值得珍惜和记忆的美好时光，也促使我们将这些来自各个地方、各个方面的关爱更加积极地渗透在"数字媒体技能教学示范项目试点"的工作中。

愿我们共同的努力，能够为数字媒体技术应用专业的建设带来帮助，让老师们和同学们能够有所收获，能够为提升同学们的专业技能和拓展未来的职业生涯发挥切实有效的作用！

数字媒体技能教学示范项目试点执行人
数字媒体技术应用专业教材编写组织人
康智达数字技术（北京）有限公司总经理

贡庆庆
2011 年 6 月

读者回执表

亲爱的读者：

感谢您阅读和使用本书。读完本书以后，您是否觉得对数字媒体教学中的光影视觉设计、数字三维雕塑等有了新的认识？您是否希望和更多的人一起交流心得和创作经验？我们为数字媒体技术应用专业系列教材的使用及教学交流活动搭建了一个平台——数字教育网 www.digitaledu.org，电话：010－51668172，康智达数字技术（北京）有限公司。我们还会推出一系列的师资培训课程，请您随时留意我们的网站和相关信息。

回执可以传真至 010－51657681 或发邮件至 edu@digitaledu.org。

姓名		性别		出生日期		民族	
工作单位	（或学校名称）						
职务		学科					
电话		传真					
手机		E－mail					
地址					邮编		

1. 您最喜欢这套数字媒体技术应用专业系列中的哪一本教材？ _____
2. 您最喜欢本书中的哪一个章节？ _____
3. 贵校是否已经开设了数字媒体相关专业？ □是 □否；专业名称是_____
4. 贵校数字媒体相关专业教师人数：_____数字媒体相关专业学生人数：_____
5. 您是否曾经使用过电子绘画板或数位板？ □是 □否；型号是_____
6. 作为学生能够经常使用电子绘画板进行数字媒体创作吗？ □是 □否
7. 贵校是否曾经开设过与 Adobe 公司相关软件的课程？ □是 □否；开设的内容与如下软件相关：□Photoshop □Illustrator □InDesign □Flash □Dreamweaver □Flash ActionScript □Premiere □After Effects □Audition
8. 贵校是否曾经开设过与 Autodesk 公司相关软件的课程？ □是 □否；开设的内容与如下软件相关：□Maya □3ds Max □Mudbox □Smoke □Flame
9. 贵校在数字媒体课程中有可能先开设哪些课程？
□数字媒体技术基础 □光影视觉设计 □数字插画与排版 □二维动画制作
□互动媒体制作 □数字视频编辑 □数字影像合成 □三维可视化制作
□三维动画基础入门 □数字三维雕塑 □数字后期特效
10. 贵校有相关数字媒体、动画、漫画、摄影、游戏设计等学生社团吗？ □有 □无
社团的名称是_____
11. 您最希望参加何种类型的培训学习或活动？
培训学习：□讲座 □短期培训（1周以内） □长期培训（3周左右）
活动：□数字媒体相关作品大赛 □数字媒体相关作品的媒体发布 □专业的高级研讨会
12. 您对我们的工作有何建议或意见？